TensorFlow 2.0
深度学习从零开始学

王晓华 著

清华大学出版社
北京

内 容 简 介

随着人工智能的发展以及 TensorFlow 在人工智能方面的火热应用，越来越多的大学逐步开设深度学习和人工智能课程。本书既是一本为读者量身定制的 TensorFlow 2.0 入门教材，也是针对需要学习 TensorFlow 2.0 新内容的读者提供的基础与进阶知识的深入型教材。

本书分为 10 章，主要内容包括 TensorFlow 2.0 开发环境、TensorFlow 2.0 新特性、TensorFlow 与 Keras 的使用、TensorFlow 2.0 语法基础、卷积层详解与 MNIST 实战、Dataset 使用详解、TensorFlow Datasets 和 TensorBoard 详解、ResNet 及其实战、注意力机制、卷积神经网络实战。

本书内容详尽、示例丰富，是广大对 TensorFlow 2.0 感兴趣的读者必备的参考书，同时也非常适合大中专院校师生学习阅读，还可作为高等院校计算机及相关专业的教材使用。

本书封面贴有清华大学出版社防伪标签，无标签者不得销售
版权所有，侵权必究。举报：010-62782989，beiqinquan@tup.tsinghua.edu.cn。

图书在版编目（CIP）数据

TensorFlow 2.0 深度学习从零开始学/王晓华著.— 北京：清华大学出版社，2020.5（2024.2 重印）
ISBN 978-7-302-55273-4

Ⅰ.①T… Ⅱ.①王… Ⅲ.①人工智能－算法 Ⅳ.①TP18

中国版本图书馆 CIP 数据核字（2020）第 050660 号

责任编辑：夏毓彦
封面设计：王　翔
责任校对：闫秀华
责任印制：曹婉颖

出版发行：清华大学出版社
　　　　网　　址：https://www.tup.com.cn, https://www.wqxuetang.com
　　　　地　　址：北京清华大学学研大厦 A 座　　　邮　　编：100084
　　　　社 总 机：010-83470000　　　　　　　　　　邮　　购：010-62786544
　　　　投稿与读者服务：010-62776969，c-service@tup.tsinghua.edu.cn
　　　　质量反馈：010-62772015，zhiliang@tup.tsinghua.edu.cn

印 装 者：涿州市般润文化传播有限公司
经　　销：全国新华书店
开　　本：190mm×260mm　　　印　张：15.25　　　字　数：415 千字
版　　次：2020 年 6 月第 1 版　　　　　　　　　　印　次：2024 年 2 月第 4 次印刷
定　　价：69.00 元

产品编号：084293-01

前　言

作为主流的深度学习框架，TensorFlow 引领了深度学习和人工智能领域的全面发展和成长壮大。它的出现使得深度学习的学习门槛被大大降低，不仅是数据专家，就连普通的程序设计人员甚至于相关专业的学生都可以用来开发新的 AI 程序而不需要深厚的编程功底。

然而这并不代表 TensorFlow 已经完美。由于代码设计的历史原因以及开源框架的通病，随着时间的积累 TensorFlow 在其框架内部积累了大量的过时和不推荐使用的 API，这极大地影响了 TensorFlow 的性能，因此在广泛听取使用者和代码项目组成员的意见后，TensorFlow 2.0 横空出世。

本书也是因为 TensorFlow 2.0 的出现而推出的一本包含基础与进阶内容的书。

整体而言，为了吸引用户，TensorFlow 2.0 从简单、强大、可扩展 3 个层面进行了重新设计。特别是在简单化方面，TensorFlow 2.0 提供更简化的 API、注重 Keras、结合了 Eager Execution。

"简化 API、减少冗余并改进文档和示例"是 TensorFlow 2.0 的主要任务，其更新重点放在简单和易用性上，主要进行了以下更新：

- 使用 Keras 和 Eager Execution，轻松建立简单的模型并执行；
- 在任何平台上实现生产环境的模型部署；
- 为研究提供强大的实验工具；
- 通过清除不推荐使用的 API 和减少重复来简化 API。

除此之外，在整体架构方面，TensorFlow 2.0 吸收和归并了新的设计模式和想法，以及参考其他深度学习框架所采用的积极后台模型调整了新的框架。

TensorFlow 2.0 架构统一了所有保留的组件和模块，并将其完整打包成一个综合平台，将训练和部署分成 2 个完整的模块，而通用的是对于模型本身的存储和参数的存储。简单化的新框架更是带来了更加简洁的工作流，即：

（1）使用 tf.data 加载数据。使用输入管道读取训练数据，输入管道使用 tf.data 创建。利用 tf.feature_column 描述特征，如分段和特征交叉。此外还支持内存数据的便捷输入（如 NumPy）。

（2）使用 tf.keras 构建、训练并验证模型。Keras 与 TensorFlow 部分紧密集成，因此用户可以随时访问 TensorFlow 的函数，如线性或逻辑回归、梯度上升树、随机森林等也可以直接使用（使用 tf.estimatorAPI 实现）。如果不想从头开始训练模型，用户也可以很快利用迁移学习来训练使用 TensorFlow Hub 模块的 Keras 或 Estimator 模型。

（3）快速执行运行和调试过程，然后使用 tf.function 充分利用图形的优势。在默认情况下，TensorFlow 2.0 按快速执行方式运行，以便于顺利调试。此外，tf.function 注释可以方便地将 Python 程序转换为 TensorFlow 图形。此过程保留了 1.x TensorFlow 基于图形执行的所有优点：性能优化，远程执行以及方便序列化、导出和部署的能力，同时实现了在 Python 中表达程序的灵活性和易用性。

（4）使用分布式策略进行分布式训练。对于大型机器学习训练任务，分布式策略 API 可以轻松地在不同硬件配置上分配和训练模型，无须更改模型的定义。由于 TensorFlow 支持各种硬件加速器，如 CPU、GPU 和 TPU，因此用户可以将训练负载分配到单节点/多加速器以及多节点/多加速器配置上（包括 TPU Pod）。这个 API 支持多种群集化配置，也提供了在本地或云环境中部署 Kubernetes 群集训练的模板。

（5）导出到 Saved Model。TensorFlow 将对 Saved Model 进行标准化。作为 TensorFlow 服务的一部分，Saved Model 将成为 TensorFlow Lite、TensorFlow.js、TensorFlow Hub 等格式的可互换格式。

其中的 data 和 Keras 都是 TensorFlow 2.0 新引入并指定使用的 API。

data API 使得数据读取和输入模型训练变得非常容易，由程序读写不同格式数据时的"事无巨细"，变为仅仅使用一个 for 循环就可以轻松完成数据的读取和输入，让我们打开一个大型或者超大型数据集就像打开一个文本 txt 文件一样简单。

Keras API 使得上手 TensorFlow 2.0 更容易。更为重要的是，Keras 提供了几个模型构建 API（Sequential、Functional 以及 Subclassing），因此用户可以选择正确的抽象化（Abstraction）级别，以及非常简便地编写符合项目需要的深度学习模型。

本书有何特色

1. 介绍全面，讲解详尽

本书全面地讲解 TensorFlow 2.0 的新框架设计思想和模型的编写，详细介绍 TensorFlow 2.0 的安装、使用以及 TensorFlow 2.0 官方所推荐的 Keras 编程方法与技巧等。

2. 作者经验丰富，代码编写细腻

本书的代码编写由低到高，针对各个环节都有详尽的说明，使得读者能够充分了解和掌握代码各个模块的编写方法和技巧，是一本非常好的 TensorFlow 2.0 学习教程。

作者是长期奋战在科研和工业界的一线算法设计和程序编写人员，实战经验丰富，对代码中可能会出现的各种问题和"坑"有丰富的处理经验，能够使得读者少走很多弯路。

3. 理论扎实，深入浅出

在代码设计的基础上，本书还深入浅出地介绍深度学习需要掌握的一些基本理论知识，通过大量的公式与图示结合的方式对理论进行介绍。

4. 提供完善的技术支持和售后服务

本书提供了专门的技术支持邮箱：booksaga@163.com。读者在阅读本书过程中有任何疑问都可以通过该邮箱获得帮助。

本书内容及知识体系

本书是基于 TensorFlow 2.0 的新架构模式和框架，完整介绍 TensorFlow 2.0 使用方法和一些进阶教程，主要内容如下：

第 1 章详细介绍 TensorFlow 2.0 的安装方法以及对应的运行环境的安装，并且通过一个简单的例子验证 TensorFlow 2.0 的安装效果。在本章中，还将介绍 TensorFlow 2.0 硬件的采购。切记，一块能够运行 TensorFlow 2.0 GPU 版本的显卡能让学习效率事半功倍。

从第 2 章开始是本书的重点部分，这一章从 Eager 的引入开始介绍 TensorFlow 2.0 的编程方法和步骤，并结合 Keras 进行 TensorFlow 2.0 模型设计的完整步骤，以及自定义层的方法。第 2 章的内容看起来很简单，但是是本书的基础内容和核心精华，读者一定要反复阅读，认真掌握所有内容和代码的编写。

第 3 章是有关 Keras 的介绍。Keras 是 TensorFlow 2.0 中新引入的一个高级 API。本章从简单的例子开始，循序渐进地介绍使用 Keras 进行程序设计的方法和步骤，同时还将介绍深度学习中一个非常重要的模块，即全连接神经网络。

第 4 章是理论部分，初步涉及一些深度学习的基本理论和算法。

使用卷积神经网络去识别物体是深度学习的一个经典内容，在第 5 章中详细介绍卷积神经网络的原理和各个模型的使用和自定义内容，以及如何借助卷积神经网络（CNN）算法构建一个简单的 CNN 模型进行 MNIST 数字识别。此章和第 3 章同为本书的重点内容，能够极大地协助读者对 TensorFlow 2.0 框架的使用和程序的编写。

第 6、7 章是 TensorFlow 2.0 中一些高级 API 的介绍。通过使用集成在 TensorFlow 中的数据获取类和创建专用 TFRecord 的方法，TensorFlow 2.0 在数据读取方面可以说是如虎添翼，极大地帮助读者解决数据的获取问题。模型训练的可视化是 TensorFlow 一项特有的功能，利用这个功能能够帮助读者更好地了解模型的训练过程和可能会遇到的问题。

第 8 章介绍 ResNet 的基本思想和内容。ResNet 是一个具有里程碑性质的框架，标志着粗犷的卷积神经网络设计向着精确化和模块化的方向转化。ResNet 本身的程序编写非常简单，但是其中蕴含的设计思想却是跨越性的。

第 9 章介绍具有"注意力"的多种新型网络模型，是未来的发展方向。在不同的维度和方面上加上"注意力"是需要读者加上所有注意力的地方。

第 10 章使用经典的卷积神经网络去解决文本分类的问题。实际上，除了传统的图像处理，使用卷积神经网络还能够对文本进行分类，一般采用的是循环神经网络。文本分类也可以引申到更多的序列化问题，这也是未来深度学习研究的方向。

示例代码、数据及开发环境下载

本书示例代码、数据及开发环境下载地址请扫描下方二维码获得。

如果下载有问题或需要技术支持，请联系 booksaga@163.com，邮件主题为"TensorFlow 2.0 深度学习从零开始学"。

适合阅读本书的读者

- TensorFlow 深度学习的初学者
- 深度学习应用开发的程序员
- 高等院校相关专业的师生
- 专业培训机构的师生

作　者
2020 年 3 月

目 录

第 1 章 TensorFlow 2.0 的安装 1
  1.1 Python 基本安装和用法 1
    1.1.1 Anaconda 的下载与安装 1
    1.1.2 Python 编译器 PyCharm 的安装 4
    1.1.3 使用 Python 计算 softmax 函数 7
  1.2 TensorFlow 2.0 GPU 版本的安装 8
    1.2.1 检测 Anaconda 中的 TensorFlow 版本 8
    1.2.2 TensorFlow 2.0 GPU 版本基础显卡推荐和前置软件安装 9
  1.3 Hello TensorFlow 2.0 12
  1.4 本章小结 13

第 2 章 TensorFlow 2.0 令人期待的变化 14
  2.1 新的架构、新的运行、新的开始 14
    2.1.1 API 精简 15
    2.1.2 Eager Execution 15
    2.1.3 取消全局变量 15
    2.1.4 使用函数而不是会话 15
    2.1.5 弃用 collection 16
  2.2 配角转成主角：从 TensorFlow Eager Execution 转正谈起 16
    2.2.1 Eager 简介与调用 17
    2.2.2 读取数据 18
  2.3 使用 TensorFlow 2.0 模式进行线性回归的一个简单例子 20
    2.3.1 模型的工具与数据的生成 20
    2.3.2 模型的定义 20
    2.3.3 损失函数的定义 21
    2.3.4 梯度函数的更新计算 21
  2.4 TensorFlow 2.0 进阶——AutoGraph 和 tf.function 23
  2.5 本章小结 26

第 3 章 TensorFlow 和 Keras 27
  3.1 模型！模型！模型！还是模型 27
  3.2 使用 Keras API 实现鸢尾花分类的例子（顺序模式） 28
    3.2.1 数据的准备 29
    3.2.2 数据的处理 30
    3.2.3 梯度更新函数的写法 31
    3.2.4 使用 Keras 函数式编程实现鸢尾花分类的例子（重点） 32

3.2.5 使用保存的 Keras 模式对模型进行复用 35
3.2.6 使用 TensorFlow 2.0 标准化编译对 iris 模型进行拟合 35
3.3 多输入单一输出 TensorFlow 2.0 编译方法（选学） 40
3.3.1 数据的获取与处理 40
3.3.2 模型的建立 41
3.3.3 数据的组合 41
3.4 多输入多输出 TensorFlow 2.0 编译方法（选学） 44
3.5 全连接层详解 46
3.5.1 全连接层的定义与实现 46
3.5.2 使用 TensorFlow 2.0 自带的 API 实现全连接层 47
3.5.3 打印显示 TensorFlow 2.0 设计的模型结构和参数 51
3.6 本章小结 53

第 4 章 TensorFlow 2.0 语法基础 54

4.1 BP 神经网络简介 54
4.2 BP 神经网络的两个基础算法 58
4.2.1 最小二乘法（LS 算法） 58
4.2.2 道士下山的故事——梯度下降算法 61
4.3 反馈神经网络反向传播算法 63
4.3.1 深度学习基础 63
4.3.2 链式求导法则 64
4.3.3 反馈神经网络原理与公式推导 66
4.3.4 反馈神经网络原理的激活函数 72
4.3.5 反馈神经网络原理的 Python 实现 73
4.4 本章小结 78

第 5 章 卷积层与 MNIST 实战 79

5.1 卷积运算 79
5.1.1 卷积运算的基本概念 80
5.1.2 TensorFlow 2.0 中卷积函数的实现 81
5.1.3 池化运算 83
5.1.4 softmax 激活函数 84
5.1.5 卷积神经网络原理 86
5.2 TensorFlow 2.0 编程实战：MNIST 手写体识别 89
5.2.1 MNIST 数据集 89
5.2.2 MNIST 数据集特征和标注 91
5.2.3 TensorFlow 2.0 编程实战：MNIST 数据集 93
5.2.4 使用自定义的卷积层实现 MNIST 识别 97
5.3 本章小结 101

第 6 章 TensorFlow 2.0 Dataset 使用详解 102

6.1 Dataset API 基本结构和内容 102

		6.1.1 Dataset API 数据种类	103
		6.1.2 Dataset API 基础使用	104
	6.2	Dataset API 高级用法	105
		6.2.1 Dataset API 数据转换方法	107
		6.2.2 读取图片数据集的例子	110
	6.3	使用 TFRecord API 创建和使用数据集	111
		6.3.1 TFRecord 的基本概念	112
		6.3.2 TFRecord 的创建	113
		6.3.3 TFRecord 的读取	118
	6.4	TFRecord 实战：带有处理模型的完整例子	124
		6.4.1 创建数据集	125
		6.4.2 创建解析函数	125
		6.4.3 创建数据模型	126
		6.4.4 创建读取函数	126
	6.5	本章小结	128
第 7 章	TensorFlow Datasets 和 TensorBoard 详解		129
	7.1	TensorFlow Datasets 简介	129
		7.1.1 Datasets 数据集的安装	131
		7.1.2 Datasets 数据集的使用	131
	7.2	Datasets 数据集的使用——FashionMNIST	133
		7.2.1 FashionMNIST 数据集下载与显示	134
		7.2.2 模型的建立与训练	136
	7.3	使用 Keras 对 FashionMNIST 数据集进行处理	138
		7.3.1 获取数据集	138
		7.3.2 数据集的调整	139
		7.3.3 使用 Python 类函数建立模型	139
		7.3.4 模型的查看和参数的打印	141
		7.3.5 模型的训练和评估	142
	7.4	使用 TensorBoard 可视化训练过程	144
		7.4.1 TensorBoard 的文件夹设置	145
		7.4.2 显式地调用 TensorBoard	146
		7.4.3 使用 TensorBoard	148
	7.5	本章小结	152
第 8 章	从冠军开始：ResNet		153
	8.1	ResNet 基础原理与程序设计基础	153
		8.1.1 ResNet 诞生的背景	154
		8.1.2 模块工具的 TensorFlow 实现——不要重复发明轮子	157
		8.1.3 TensorFlow 高级模块 layers 的用法	157
	8.2	ResNet 实战：CIFAR-100 数据集分类	165
		8.2.1 CIFAR-100 数据集	165

VII

	8.2.2	ResNet 残差模块的实现	168
	8.2.3	ResNet 网络的实现	170
	8.2.4	使用 ResNet 对 CIFAR-100 数据集进行分类	173
8.3	ResNet 的兄弟——ResNeXt		175
	8.3.1	ResNeXt 诞生的背景	175
	8.3.2	ResNeXt 残差模块的实现	177
	8.3.3	ResNeXt 网络的实现	178
	8.3.4	ResNeXt 和 ResNet 的比较	180
8.4	本章小结		180

第 9 章 注意力机制 181

9.1	何为"注意力"		181
9.2	注意力机制的两种常见形式		182
	9.2.1	Hard Attention（硬性注意力）	183
	9.2.2	Soft Attention（软性注意力）	183
9.3	注意力机制的两种实现形式		183
	9.3.1	Spatial Attention（空间注意力）	184
	9.3.2	Channel Attention（通道注意力）	185
9.4	注意力机制的两种经典模型		186
	9.4.1	最后的冠军——SENet	186
	9.4.2	结合 Spatial 和 Channel 的 CBAM 模型	189
	9.4.3	注意力的前沿研究——基于细粒度的图像注意力机制	194
9.5	本章小结		196

第 10 章 卷积神经网络实战：识文断字也可以 197

10.1	文本数据处理		198
	10.1.1	数据集介绍和数据清洗	198
	10.1.2	停用词的使用	201
	10.1.3	词向量训练模型 word2vec 的使用	203
	10.1.4	文本主题的提取：基于 TF-IDF（选学）	207
	10.1.5	文本主题的提取：基于 TextRank（选学）	211
10.2	针对文本的卷积神经网络模型——字符卷积		214
	10.2.1	字符（非单词）文本的处理	214
	10.2.2	卷积神经网络文本分类模型的实现——Conv1D（一维卷积）	222
10.3	针对文本的卷积神经网络模型——词卷积		224
	10.3.1	单词的文本处理	224
	10.3.2	卷积神经网络文本分类模型的实现——Conv2D（二维卷积）	227
10.4	使用卷积对文本分类的补充内容		230
	10.4.1	汉字的文本处理	230
	10.4.2	其他的细节	233
10.5	本章小结		233

第 1 章
TensorFlow 2.0的安装

TensorFlow 被广泛应用于各类机器学习（Machine Learning）算法的编程实现，前身是谷歌的神经网络算法库 DistBelief。初学者或专家借助 TensorFlow 可以在桌面、移动、网络和云端环境下轻松地创建机器学习模型。正因为如此，TensorFlow 这几年非常火爆，几乎学习 AI（Artificial Intelligence，人工智能）方向的开发人员都要学习它。

TensorFlow 已经从 1.x 进入 2.x。版本的更迭让它的功能更加强大。本章摒弃 TensorFlow 的历史，直接进入 TensorFlow 2.0 的安装和第一个例子。注意：Tensor 一词在本书中对应的译文为"张量"。

1.1 Python 基本安装和用法

Python 是深度学习的首选开发语言。对于安装来说，很多第三方都提供了集成大量科学计算类库的 Python 标准安装包，常用的是 Anaconda。

Anaconda 里面集成了很多关于 Python 科学计算的第三方库，主要是安装方便。Python 是一个脚本语言，如果不使用 Anaconda，那么第三方库的安装会较为困难，各个库之间的依赖性很难连接得很好。因此推荐使用集合了大量第三方类库的安装程序 Anaconda 来替代 Python 的安装。

1.1.1 Anaconda 的下载与安装

1. 第一步：下载和安装

Anaconda 官方的下载地址是 https://www.continuum.io/downloads/（见图 1.1，不推荐使用 Python 3.7 版）。

图 1.1　Anaconda 下载页面

这里提供的是集成了 Python 3.7 版本的 Anaconda 下载。建议选用 Python 3.6 版本的 Anaconda，如果选用 3.7 版本，那么在使用 TensorFlow 2.0 的时候可能会出现一些未知原因的错误，需要花时间去排除。

（1）集成 Python 3.6 版本的 Anaconda 可以在清华大学 Anaconda 镜像网站下载，地址为 https://mirrors.tuna.tsinghua.edu.cn/anaconda/archive/，打开后如图 1.2 所示。

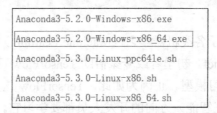

图 1.2　清华大学 Anaconda 镜像网站提供的副本

> **注　意**
>
> 选择以 Anaconda3 开头、以 64 结尾的安装文件，不要下载错了！

（2）下载完成后获得 exe 文件，直接运行即可安装，与普通软件一样。安装完成以后，出现如图 1.3 所示的目录结构，说明安装正确。

图 1.3　Anaconda 安装目录

2. 第二步：打开控制台

依次单击"开始→所有程序→Anaconda→Anaconda Prompt"。这些步骤和打开 Windows 下的 CMD 控制台类似，输入命令就可以控制和配置 Python。在 Anaconda 中常用的是 conda 命令。该命令可以执行一些基本操作，如更新某个包：

```
conda update name
```

3. 第三步：验证 Python

在控制台中输入"python"，若安装正确则会打印出版本号，以及 Python 的控制符号>>>。在控制符号下输入代码：

```
print("hello world")
```

输出结果如图 1.4 所示。

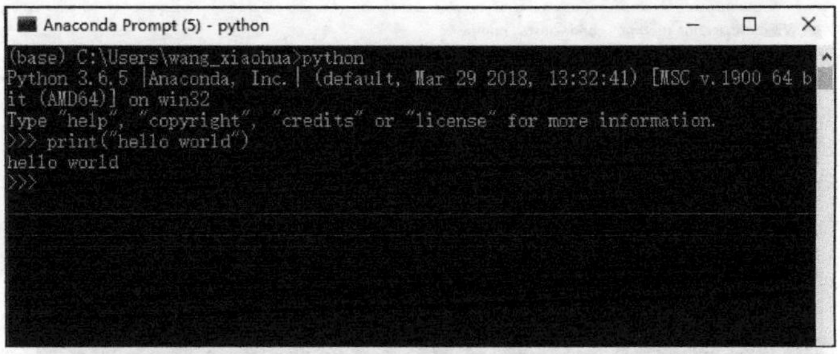

图 1.4 验证 Anaconda Python 安装成功

4. 使用 conda 命令

建议使用 Anaconda 的好处在于能够极大地帮助读者安装和使用大量第三方类库。查看已安装的第三方类库的命令是：

```
conda list
```

在 Anaconda Prompt 控制台中输入 exit()或者重新打开 Anaconda Prompt 控制台后直接输入 conda list 命令，执行结果如图 1.5 所示。

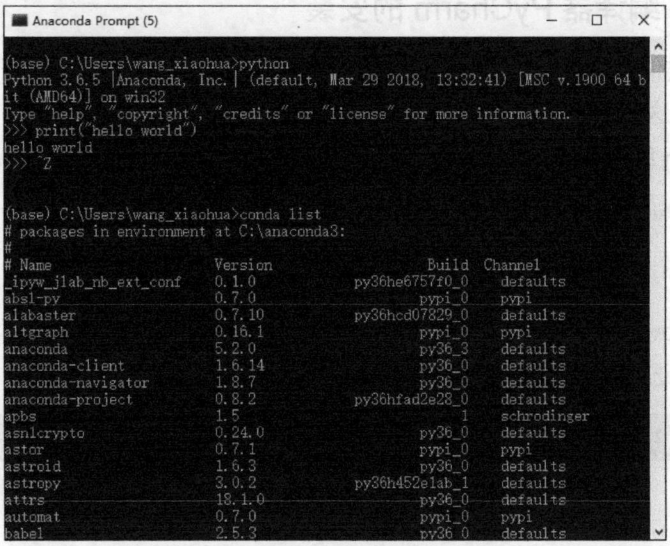

图 1.5 列出已安装的第三方类库

Anaconda 中使用 conda 进行操作的方法还有很多，其中最重要的是安装第三方类库，命令如下：

```
conda install name
```

这里的 name 是需要安装的第三方类库名，例如安装 NumPy 包，那么输入的命令就是：

```
conda install numpy
```

假如之前已经安装过 NumPy 包，那么该命令执行后会自动获取一些新的依赖库，并询问是否更新，如图 1.6 所示。

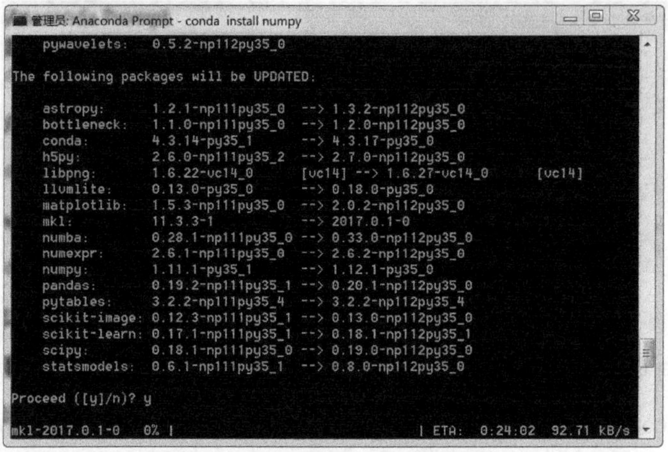

图 1.6　自动获取或更新依赖类库

使用 Anaconda 的好处就是默认安装好了大部分学习所需的第三方类库，从而大大减少了使用者在安装和使用某个特定类库时碰到依赖类库缺失的情况。

1.1.2　Python 编译器 PyCharm 的安装

和其他语言类似，Python 程序可以使用 Windows 自带的控制台进行编写。对于较为复杂的程序工程来说，这种方式容易混淆相互之间的层级和交互文件，因此在编写程序工程时建议使用专用的 Python 编译器 PyCharm。

1. 第一步：PyCharm 的下载和安装

PyCharm 的下载地址为 http://www.jetbrains.com/pycharm/。

（1）进入 Download 页面后可以选择不同的版本（收费的专业版和免费的社区版），如图 1.7 所示。这里选择免费的社区版即可。

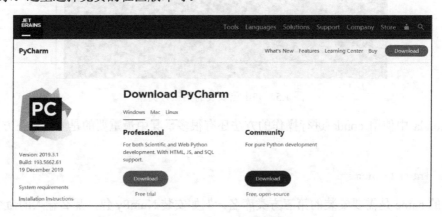

图 1.7　选择 PyCharm 的免费版

（2）双击下载好的 PyCharm 安装文件，运行后进入安装界面，如图 1.8 所示。直接单击 Next 按钮，采用默认安装方式。

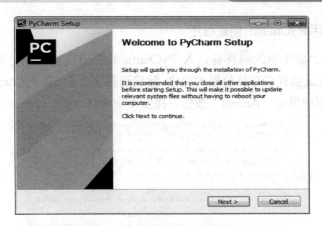

图 1.8　PyCharm 的安装界面

（3）进入配置选择界面，如图 1.9 所示。需要注意的是，在安装 PyCharm 的过程中要对安装的版本进行选择，即选择 32 位的版本还是选择 64 位的版本，建议选择和安装与 Python 位数相同的版本。

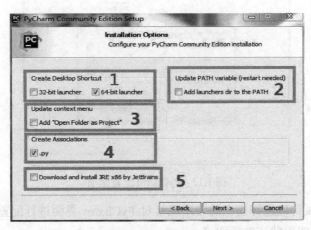

图 1.9　PyCharm 的配置选择（按个人真实情况选择）

（4）最后出现安装完成的界面，如图 1.10 所示。单击"Finish"按钮完成安装。

图 1.10　PyCharm 安装完成

2. 第二步：使用 PyCharm 创建程序

（1）单击桌面上新生成的 图标进入 PyCharm 程序界面，首先是第一次启动的定位，如图 1.11 所示。这里是指程序存储位置的定位，建议选择第 2 个：由 PyCharm 自动指定即可。之后在弹出的对话框中单击"Accept"按钮，接受相应的协议。

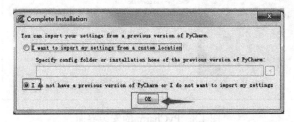

图 1.11　PyCharm 启动定位

（2）接受协议后进入配置选项界面，如图 1.12 所示。

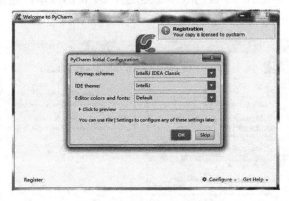

图 1.12　PyCharm 配置选项

（3）在配置区域可以选择自己的使用风格对 PyCharm 界面进行配置。如果对其不熟悉，直接单击 OK 按钮，使用默认选项即可。

（4）创建一个新的工程，如图 1.13 所示。建议新建一个 PyCharm 的工程文件，结果如图 1.14 所示。

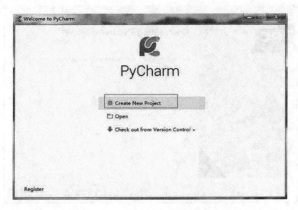

图 1.13　PyCharm 工程创建界面

第 1 章　TensorFlow 2.0 的安装

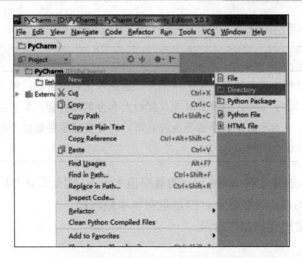

图 1.14　PyCharm 新建文件界面

之后，用鼠标右键单击新建的工程名 PyCharm，在弹出的快捷菜单中选择"New→Python File"以新建一个"hello world"文件，如图 1.15 所示。

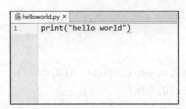

图 1.15　PyCharm 工程创建界面

输入程序代码并单击菜单栏中的"Run→run…"来运行代码，或者直接右击 helloworld.py 文件名，在弹出的快捷菜单中选择 run 命令。如果成功输出"hello world"，就表明 Python 与 PyCharm 的配置完成了。

1.1.3　使用 Python 计算 softmax 函数

对于使用 Python 进行科学计算来说，最简单的想法就是将数学公式直接表达成程序语言。可以说，Python 能满足我们的这个想法。本小节将使用 Python 实现和计算一个深度学习中最为常见的函数——softmax 函数。至于这个函数的作用，现在不加以说明，这里只是先尝试实现其程序的编写。

softmax 计算公式如下：

$$s_i = \frac{e^{v_i}}{\sum_{0}^{j} e^{v_i}}$$

其中，V_i 是长度为 j 的数列 V 中的一个数。带入 softmax 的结果其实就是先对每一个 V_i，求以 e 为底 V_i 为指数的值，然后除以所有项之和进行归一化，之后每个 V_i 就可以解释成观察

到的数据 V_i 属于某个类别的概率，或者称作似然（Likelihood）。

> **提　示**
>
> 　　softmax 用以解决概率计算中概率结果大、占绝对优势的问题。例如，函数计算结果中有 2 个值 a 和 b，且 $a>b$。如果简单地以值的大小为单位衡量，那么在后续的使用过程中 a 永远被选用，b 由于数值较小而不会被选用。有时候也需要数值小的 b 被选用，就可以用 softmax 解决这个问题。

softmax 按照概率选择 a 和 b，由于 a 的概率值大于 b，因此在计算时 a 经常会被取得，而 b 的概率较小，取得的可能性也较小，但是也有概率被取得。

公式 softmax 的实现代码如下所示。

【程序 1-1】

```
import numpy
def softmax(inMatrix):
m,n = numpy.shape(inMatrix)
outMatrix = numpy.mat(numpy.zeros((m,n)))
soft_sum = 0
for idx in range(0,n):
    outMatrix[0,idx] = math.exp(inMatrix[0,idx])
    soft_sum += outMatrix[0,idx]
for idx in range(0,n):
    outMatrix[0,idx] = outMatrix[0,idx] / soft_sum
return outMatrix
```

可以看到，当传入一个数列后，分别计算每个数值所对应的指数函数值，将其相加后计算每个数值在数值总和中的概率。例如：

$$a = numpy.array([[1,2,1,2,1,1,3]])$$

结果如下：

```
[[ 0.05943317  0.16155612  0.05943317  0.16155612  0.05943317  0.05943317
   0.43915506]]
```

1.2　TensorFlow 2.0 GPU 版本的安装

Python 运行环境调试完毕后，下面的重点就是安装 TensorFlow 2.0。

1.2.1　检测 Anaconda 中的 TensorFlow 版本

对于版本的选择，可以直接在 Anaconda 命令端输入一个错误的命令：

```
pip install tensorflow==3.0
```

这个命令是错误的，目的是为了查询当前的 TensorFlow 版本。在写作这本书时所能获取的 TensorFlow 版本如图 1.16 所示。

```
(base) C:\Users\wang_xiaohua>pip install tensorflow==3.0
Looking in indexes: https://pypi.tuna.tsinghua.edu.cn/simple
Collecting tensorflow==3.0
  ERROR: Could not find a version that satisfies the requirement tensorflow==3.0 (from versions: 1.2.0rc2, 1.2.0, 1.2.1, 1.3.0rc0, 1.3.0rc1, 1.3.0rc2, 1.3.0, 1.4.0rc0, 1.4.0rc1, 1.4.0, 1.5.0rc0, 1.5.0rc1, 1.5.0, 1.5.1, 1.6.0rc0, 1.6.0rc1, 1.6.0, 1.7.0rc0, 1.7.0rc1, 1.7.0, 1.7.1, 1.8.0rc0, 1.8.0rc1, 1.8.0, 1.9.0rc0, 1.9.0rc1, 1.9.0rc2, 1.9.0, 1.10.0rc0, 1.10.0rc1, 1.10.0, 1.11.0rc0, 1.11.0rc1, 1.11.0rc2, 1.11.0, 1.12.0rc0, 1.12.0rc1, 1.12.0rc2, 1.12.0, 1.12.2, 1.12.3, 1.13.0rc0, 1.13.0rc1, 1.13.0rc2, 1.13.1, 1.14.0rc0, 1.14.0rc1, 1.14.0, 2.0.0a0, 2.0.0b0, 2.0.0b1)
ERROR: No matching distribution found for tensorflow==3.0
```

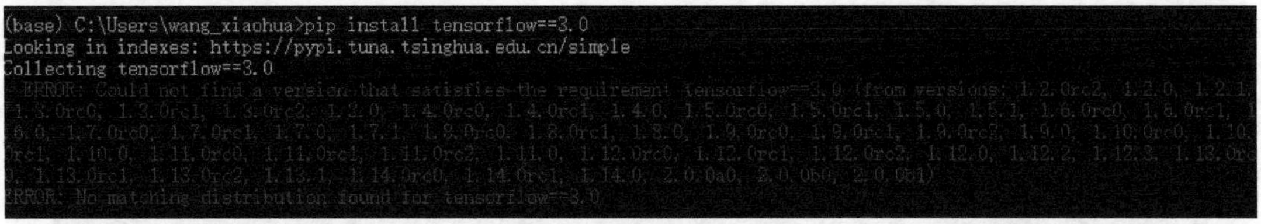

图 1.16　TensorFlow 版本汇总

可以看到，最新的版本是 2.0.0。如果想安装 CPU 版本的 TensorFlow，可以直接在当前的 Anaconda 输入命令：

```
pip install tensorflow==2.0.0
```

1.2.2　TensorFlow 2.0 GPU 版本基础显卡推荐和前置软件安装

从 CPU 版本的 TensorFlow 2.0 开始深度学习之旅是完全可以的，但是并不推荐这种方式。相对于 GPU 版本的 TensorFlow 来说，在运行速度方面 CPU 版本处于极大的劣势，很有可能会让学习止步于前。

实际上，配置一块能够达到最低 TensorFlow 2.0 GPU 版本的显卡（见图 1.17）并不需要花费很多，从网上购买一块标准的 NVIDA 750ti 显卡就能够极大地满足起步阶段的基本需求。在这里要强调的是，最好购置显存为 4GB 的版本，目前价格稳定在 400 元左右。如果有更好的条件，NVIDA 1050ti 4G 版本也是一个不错的选择，价格在 700 元左右。

注　意
推荐购买 NVIDA 系列的显卡，并且优先考虑大显存。

如果一开始就想更好地“武装”自己，体验一下硬件配置巅峰的感觉，那也是完全可以的。不过不如把这份由额外花钱带来的满足感转化成由本人编写并成功运行一个高级的深度学习代码所带来的满足感。

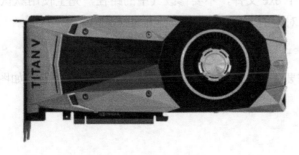

图 1.17　深度学习显卡

下面是本节的重头戏——TensorFlow 2.0 GPU 版本前置软件的安装。对于 GPU 版本的 TensorFlow 2.0 来说，由于是调用 NVIDA 显卡作为代码运行的主要硬件，因此额外需要 NVIDA 提供的运行库作为运行的基础。

（1）首先也是版本的问题。TensorFlow 2.0 运行的 NVIDA 运行库版本如下：

- CUDA 版本：10.0
- CuDNN 版本：7.5.0

> **注　意**
>
> 这个对应的版本一定要配合使用，建议不要改动直接下载即可。

CUDA 的下载地址如下：

```
https://developer.nvidia.com/cuda-10.0-download-archive?target_os=Windows
&target_arch=x86_64&target_version=10&target_type=exelocal
```

下载页面如图 1.18 所示，直接下载 local 版本安装即可。

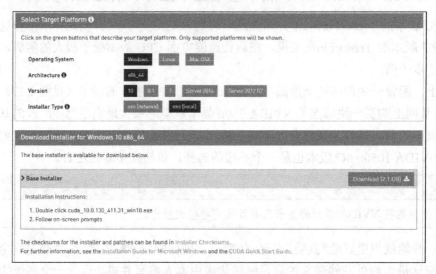

图 1.18　下载 CUDA 文件

（2）下载的是一个 exe 文件，不要修改其中的路径，完全使用默认路径安装即可。

（3）下载和安装对应的 cuDNN 文件，地址如下：

```
https://developer.nvidia.com/rdp/cudnn-archive
```

下载 cuDNN 时需要先注册一个用户，之后直接进入下载页面，如图 1.19 所示。

第 1 章　TensorFlow 2.0 的安装

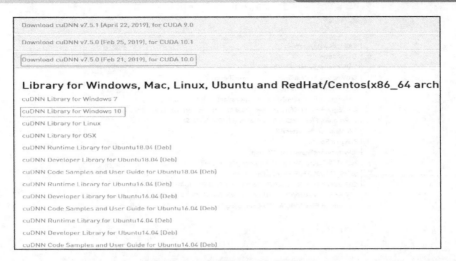

图 1.19　下载 cuDNN 文件

注　意
不要选择错误的版本，一定要选择对应的版本。

（4）下载的 cuDNN 是一个压缩文件，直接将其解压到 CUDA 安装目录即可，如图 1.20 所示。

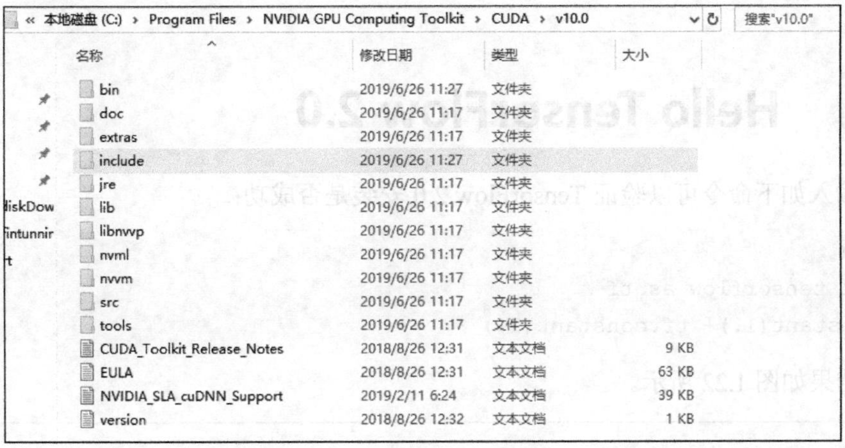

图 1.20　CUDA 安装目录

（5）对环境变量进行设置。这里需要将 CUDA 的运行路径加载到环境变量的 path 路径中，如图 1.21 所示。

11

图 1.21　将 CUDA 路径加载到环境变量的 path 路径中

（6）完成 TensorFlow 2.0 GPU 版本的安装，只需一行简单的代码即可：

```
pip install tensorflow-GPU=2.0.0
```

1.3　Hello TensorFlow 2.0

依次输入如下命令可以验证 TensorFlow 2.0 安装是否成功：

```
python
import tensorflow as tf
tf.constant(1.)+ tf.constant(1.)
```

执行结果如图 1.22 所示。

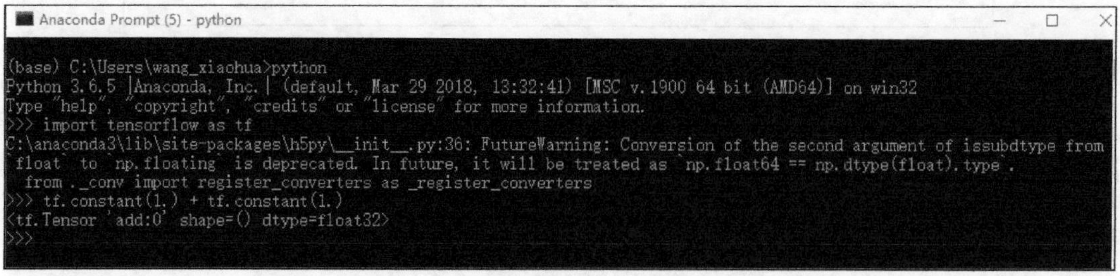

图 1.22　验证 TensorFlow 2.0 安装是否成功

在图 1.22 中，虽然没有打印出结果，但是已经明确地显示出内存中有一块被划为 Tensor 数据模块。

或者打开前面安装的 PyCharm IDE，先新建一个工程文件（或称为项目文件），再新建一个 .py 文件，输入如下代码：

【程序 1-2】

```
import tensorflow as tf
text = tf.constant("Hello TensorFlow 2.0")
print(text)
```

该程序运行的结果如下：

```
tf.Tensor(b'Hello Tensorflow2.0', shape=(), dtype=string)
```

1.4 本章小结

本章先介绍了 Python 的基本安装和编译器的使用。在这里推荐使用 PyCharm 免费版作为 Python 编辑器，有助于更好地安排工程文件的配置和程序的编写。

后面还介绍了 TensorFlow 2.0 的安装问题，这里需要注意 NVIDA 库文件版本的对应问题。

本章是 Python 的基础内容，从后面章节开始将正式进入 TensorFlow 2.0 的学习阶段。

第 2 章
TensorFlow 2.0令人期待的变化

如果读者没有学过 TensorFlow 1.x 版本，就不要去学习，不要浪费宝贵的时间。

从诞生之初即作为全球人工智能领域最受使用者欢迎的人工智能开源框架，TensorFlow 荣获了太多的赞誉与光环，见证了人工智能在全球范围的兴起，引领了全行业的研究方向，改变了固有的人类处理问题和解决问题的方法和认知。可以说，TensorFlow 是现代社会人类最有前途和意义的一项发明，并且还将继续发扬光大。

如同人类的孩子一样，自 2016 年诞生以来，在 TensorFlow 不断发展和前行的这 3 年里，在承受荣誉的同时，TensorFlow 也遭到了大量的批评，遇到了很多对手。但是 TensorFlow 的创造者和用户并没有因此而懊恼，而是不断学习，吸收大量使用者的建议以及竞争对手中好的易用的特性与方法，从而不断充实和壮大自己。

在年满三岁之际，TensorFlow 迎来了一项革命性的变化，TensorFlow 2.0 横空出世，作为一个重要的里程碑，其宗旨和目标由注重自身框架结构的完整和逻辑性转向为偏重于"易用性"，使得初学者和使用者能够在极低的门槛上掌握和使用。TensorFlow 2.0 的目标就是让每个人都能使用人工智能技术来提高自己的学习和生活水平。

2.1 新的架构、新的运行、新的开始

TensorFlow 2.0 破天荒地抛弃了原有的架构，从新开始，整合了曾经为 TensorFlow 添加的多种组件，在 2.0 版本中，这些组件被打包成一个综合平台，可支持机器学习的工作流程（从训练到部署），即用一个新的架构从根本上代替了已有的内容，如图 2.1 所示。

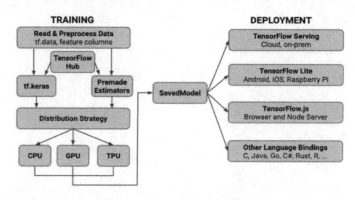

图 2.1　TensorFlow 2.0 架构

可以看到新架构中的训练部分主要关注 Python API，即训练的可用性、整洁性以及易用性。通过使用"存档"的方式连接起训练与部署之间的桥梁。

模型的部署方式是多种多样的，可以方便地运行在不同的平台上。语言绑定（Language Binding）也有不同程度的支持，包括 Swift、R 和 Julia 等。

TensorFlow 2.0 在 1.x 的基础上进行了重新设计，重点放在提升开发人员的工作效率上，确保 2.0 版本更加简单易用。TensorFlow 2.0 为了提升易用性做了很多改进，例如对 API 做了精简、删除了冗余的 API、使得 API 更加一致（例如统一了 TensorFlow 和 tf.keras 的循环神经网络和优化器等），以及由静态计算图转变为动态计算图等（使得代码的编写和调试变得更加容易）。本节接下来讲解 TensorFlow 2.0 的一些主要变化。

2.1.1 API 精简

很多 TensorFlow 1.x 的 API 在 2.0 中被去掉或者改变了位置，还有一些被新的 API 替换掉了。官方提供了一个转换工具，可以用来将 1.x 版本的代码升级到 2.0，主要工作其实就是修改这些有变更的 API。不过使用该工具不一定能够转换成功，转换成功后的代码也并不一定能够正常运行，很多时候还是需要人工修改。

2.1.2 Eager Execution

Eager Execution（动态图机制）是 TensorFlow 从 1.8 版本开始正式加入的，但只是作为一种可选操作，在 TensorFlow 2.0 之前，TensorFlow 默认的模式都是 Graph Execution（静态图机制），TensorFlow 2.0 将 Eager Execution 作为默认模式。在该模式下用户能够更轻松地编写和调试代码，可以使用原生的 Python 控制语句，大大降低了学习和使用 TensorFlow 的门槛。

在 TensorFlow 2.0 中，图（Graph）和会话（Session）都变成底层实现，而不需要用户关心。

2.1.3 取消全局变量

TensorFlow 1.x 非常依赖隐式全局命名空间。当调用"tf.Variable"创建变量时，该变量就会被放进默认的图中，即使忘记了指向它的 Python 变量，也会留在那里。而当程序编写者想恢复这些变量时，则必须知道该变量的名称。如果无法控制这些变量的创建，也就无法做到这一点。

TensorFlow 1.x 中有各种机制，旨在帮助用户再次找到程序设计者所创建的变量，而在 2.0 中则取消了所有这些机制，支持默认的机制：跟踪变量。当 TensorFlow 不再用到创建的某个变量时，该变量就会被自动回收。

2.1.4 使用函数而不是会话

在 TensorFlow 1.x 中，最常规的是使用"session.run()"方法执行计算图，"session.run()"方法的调用类似于函数调用：指定输入数据和调用的方法，最后返回输出结果。为了保留静态图的一些优势，例如性能优化以及重用模块化的 TensorFlow 函数等。

在 TensorFlow 2.0 中，可以使用"tf.function"来修饰 Python 函数，以将其标记为即时（Just-In-Time）编译，从而 TensorFlow 可以将其作为单个图来执行。

2.1.5 弃用 collection

在 TensorFlow 1.x 中可以通过集合（collection）来管理不同类别的资源。例如，使用 tf.add_to_collection 函数可以将资源加入一个或多个集合，使用 tf.get_collection 获取一个集合里面的所有资源。这些资源可以是张量、变量或者运行 TensorFlow 程序所需要的资源。这样的方法在 TensorFlow 框架的运行时是非常有用的，例如在训练神经网络时会大量使用集合管理技术（通过 tf.add_n(tf.get_collection("losses"))获得总损失等）。

由于 collection 控制变量很不友好，因此在 TensorFlow 2.0 中弃用了 collection，使代码更加清晰。例如，新的总损失可以简写为：

```
Total_loss = loss_1 + loss_2
```

2.2 配角转成主角：从 TensorFlow Eager Execution 转正谈起

最早可追溯到 TensorFlow 1.10 版本，那时 TensorFlow 由于强大的深度学习计算能力被众多的深度学习从业人员使用和称道。但是盛名之下还是有一些小的缺点让人诟病，例如程序编写的困难、代码格式和其他深度学习框架有较大差异、运行时占用资源较多等。

TensorFlow 开发组为了解决这些问题，在 TensorFlow 1.10 版本中就引入了一种新的程序运行机制——TensorFlow Eager Execution（动态图机制）。其目的是为了解决所有程序开发人员使用 TensorFlow 作为深度学习框架时学习坡度不是很友善的问题，同时也是为了增加程序编写的便利性。结果一经推出就大受好评，使得很多原先使用别的机器学习框架的程序编写人员、机器学习爱好者投入 TensorFlow 的怀抱中。

TensorFlow Eager Execution 是一个命令式的编程环境，不是建立图而是立即运算求值：运算返回具体值，替换了以前那种先构建运算图然后执行的机制，使得使用 TensorFlow 和调试模型变得简单，而且减少了多余的模板化、公式化的操作。根据指南，可以在交互式 Python 的解释器中运行各种样例程序。

动态图机制是一个灵活的机器学习平台，用于研究和实验，它提供了以下功能：

- 直观的界面：方便编码使用，基于 Python 数据结构，快速迭代小模型和小数据。
- 调试简单：直接调用 ops 来检查运行模型和测试变更，使用标准 Python 调试工具进行即时错误报告。
- 自然控制流：使用 Python 控制流替换图控制流，简化动态模型的规范。

2.2.1 Eager 简介与调用

TensorFlow 的开发团队曾表示，Eager Execution 的主要优点如下：

- 快速调试即刻的运行错误并通过 Python 工具进行整合。
- 借助易于使用的 Python 控制流支持动态模型。
- 为自定义和高阶梯度提供强大支持。
- 适用于几乎所有可用的 TensorFlow 运算。

1. Eager Execution 的调用

Eager Execution 的调用非常简单，直接使用如下代码即可：

```
import tensorflow as tf
```

这是因为在 TensorFlow 2.0 中，Eager Execution 是默认开启的，所以直接引入 TensorFlow 即可。

在 TensorFlow 1.x 版本中，Eager Execution 需要手动开启，代码如下：

```
import tensorflow as tf              #这里 TensorFlow 版本 1.x，低于 2.0 版本
tfe = tf.contrib.eager               #仅适用于 TensorFlow 版本 1.x，低于 2.0 版本，需手动开启
tf.enable_eager_execution()          #仅适用于 TensorFlow 版本 1.x，低于 2.0 版本，需手动开启
```

这些代码是在 1.x 版本中开启 Eager Execution 的方法，首先在第 1 行中导入 TensorFlow，然后在第 2 行和第 3 行中开启 Eager 模式，使之可以在本段代码中使用。

除此之外，如果安装了 TensorFlow 2.0 或者以后版本，对于在 1.x 版本下编写的代码可能会产生一些问题，因此需要重新开启 TensorFlow 1.x 的运行模式，在导入 TensorFlow 的时候修改代码：

```
import tensorflow.compat.v1 as tf
tf.disable_v2_behavior()
```

导入 TensorFlow 1.x 版本同时禁用 2.0 版本。

2. Eager 模式的使用

Eager Execution 有一个非常有意思并作为宣传点的功能，就是允许用户在不创建图（Graph）的情况下使用 TensorFlow 代码。代码段如下：

【程序 2-1】

```
import tensorflow as tf
data = tf.constant([1,2])
print(data)
```

这段代码默认启动了 Eager 模式，再使用 TensorFlow 读入一个序列后将其打印输出，结果如下：

```
tf.Tensor([1 2], shape=(2,), dtype=int32)
```

可以看到，打印输出了读入数据后的 Tensor 数据格式，即具体数值为[1,2]，维度大小为2，数据类型为 int32。

如果此时需要将它的具体内容打印出来，则可以改成如下程序。

【程序 2-2】

```
import tensorflow as tf
data = tf.constant([1,2])
print(data.numpy())
```

该程序运行的结果如下：

```
[1 2]
```

可以看到，此时由于加上了数据自带的 numpy() 函数，Tensor 数据被转化为常用的 NumPy 数据格式，即常数格式。

这里顺带提一下，使用传统的 TensorFlow 编写模式可修改代码为如下程序。

【程序 2-3】

```
import tensorflow.compat.v1 as tf
tf.disable_v2_behavior()
data = tf.constant([1,2])
print(data)
```

该程序运行的结果如下：

```
Tensor("Const:0", shape=(2,), dtype=int32)
```

可以看到，此时数据被读入到图中而非被直接计算，因此打印出的结果并没有具体数据。具体数据的计算请读者自行完成。

2.2.2 读取数据

传统的 TensorFlow 1.x 数据的读取是采用占位符的形式，首先将数据读取到内存中，之后建立整体的 TensorFlow 图，在运行图以后将数据读取并显示。

TensorFlow 2.0 简化了数据的读取，类似 NumPy 的数据迭代风格，只使用 TensorFlow 中自带的 Dataset API 即可完成数据的迭代。

1. 第一步：生成数据

```
import numpy as np
arr_list = np.arange(0,100)
shape = arr_list.shape
```

上述代码使用 NumPy 生成数据,产生了 100 个由 0 到 99 的数据并存储在 arr_list 中。

2. 第二步:使用 Dataset API 读取数据

```
dataset = tf.data.Dataset.from_tensor_slices(arr_list)
dataset_iterator = dataset.shuffle(shape[0]).batch(10)
```

这里首先使用 Dataset.from_tensor_slices 读取数据,之后使用 shuffle 函数打乱顺序,最终将数据以 10 个为一批进行输出。

3. 第三步:创建计算模型

创建计算模型是数据处理的关键。这里为了简化起见创建了一个非常简单的模型,即使用 TensorFlow 将输入的数据乘以 0.1 并输出,代码如下:

```
def model(xs):
    # ... 编写一些函数
    outputs = tf.multiply(xs,0.1)
    return outputs
```

model 内是一个简单函数的实现,有兴趣的读者可以添加更多的内容。

4. 第四步:数据的迭代输出

在 Eager 模式中,Dataset API 可以自动生成一个新的迭代器,将数据迭代出来。代码如下:

```
for it in dataset_iterator:
    logits = model(it)
    print(logits)
```

这样就构造了一个完整的使用 Eager 模型进行简单数据计算的模型,全部代码如下:

【程序 2-4】

```
import tensorflow as tf
import numpy as np
arr_list = np.arange(0,100).astype(np.float32)
shape = arr_list.shape
dataset = tf.data.Dataset.from_tensor_slices(arr_list)
dataset_iterator = dataset.shuffle(shape[0]).batch(10)
def model(xs):
    # ... 编写一些函数
    outputs = tf.multiply(xs,0.1)
    return outputs
for it in dataset_iterator:
    logits = model(it)
    print(logits)
```

该程序的运行结果如图 2.2 所示。

```
tf.Tensor([0 0 0 0 0 0 0 0 0 0], shape=(10,), dtype=int32)
tf.Tensor([0 0 0 0 0 0 0 0 0 0], shape=(10,), dtype=int32)
tf.Tensor([0 0 0 0 0 0 0 0 0 0], shape=(10,), dtype=int32)
tf.Tensor([0 0 0 0 0 0 0 0 0 0], shape=(10,), dtype=int32)
tf.Tensor([0 0 0 0 0 0 0 0 0 0], shape=(10,), dtype=int32)
tf.Tensor([0 0 0 0 0 0 0 0 0 0], shape=(10,), dtype=int32)
tf.Tensor([0 0 0 0 0 0 0 0 0 0], shape=(10,), dtype=int32)
tf.Tensor([0 0 0 0 0 0 0 0 0 0], shape=(10,), dtype=int32)
tf.Tensor([0 0 0 0 0 0 0 0 0 0], shape=(10,), dtype=int32)
tf.Tensor([0 0 0 0 0 0 0 0 0 0], shape=(10,), dtype=int32)
```

图 2.2　程序 2-4 的运行结果

打印输出的结果显然不符合在程序中既定的模型，即将数列中的数乘以 0.1 并显示，而这里的输出数据却都是 0。

究其原因是在 NumPy 数据生成的时候是以 int32 格式作为数据的基本生成格式，因此 Eager 在进行计算时无法隐式地将数据转化成 float 类型，从而造成计算失败。

解决的办法也很方便，将数据生成代码改成为如下形式即可：

```
arr_list = np.arange(0,100).astype(np.float32)
```

具体内容请读者自行完成。

2.3　使用 TensorFlow 2.0 模式进行线性回归的一个简单例子

下面以一个线性回归的模型为例来介绍使用 Eager 模型进行机器学习计算的方法，其中涉及模型参数的保存与读取以及保存模型的重新计算。

2.3.1　模型的工具与数据的生成

首先是模型的定义，这里使用一个简单的一元函数模型作为待测定的模型基础，公式如下：

$$y = 3x + 0.217$$

即 3 倍的输入值加上 0.217 作为输出值。

2.3.2　模型的定义

由于既定的模型是一个一元线性方程，因此在使用 Eager 模型时自定义一个类似的数据模型，代码如下：

```
weight = tfe.Variable(1., name="weight")
```

```
bias = tfe.Variable(1., name="bias")
def model(xs):
    logits = tf.multiply(xs, weight) + bias
return logits
```

首先使用固定数据定义模型初始化参数 weight 和 bias，之后定义一个线性回归模型在初始状态拟合了一元回归模型。

2.3.3 损失函数的定义

对于使用机器学习进行数据拟合，一个非常重要的内容就是损失函数的编写，其往往决定着对于数据从空间中的哪个角度去拟合真实数据。

在本例中，使用均方差（MSE）去计算拟合的数据与真实数据之间的误差，代码如下：

```
tf.losses.MeanSquaredError()(model(xs), ys)
```

这是使用 TensorFlow 自带损失函数计算 MSE（均方差）的表示方法，当然也可以使用自定义的损失函数：

```
tf.reduce_mean(tf.pow((model(xs) - ys), 2)) / (2 * 1000)
```

这两者是等效的，不过自定义的损失函数可以使程序编写者获得更大的自由度。对于新手来说还是使用定制的损失函数去计算较好，请读者自行斟酌。

2.3.4 梯度函数的更新计算

可以直接调用 TensorFlow 的优化器完成梯度函数的计算。笔者选择使用 Adam 优化器作为优化工具，代码如下：

```
opt = tf.train.AdamOptimizer(1e-1)
```

opt 对应的是 TensorFlow 优化器的对应写法。全部代码如下：

【程序 2-5】

```
import tensorflow as tf
import numpy as np
input_xs = np.random.rand(1000)
input_ys = 3 * input_xs + 0.217
weight = tf.Variable(1., dtype=tf.float32, name="weight")
bias = tf.Variable(1., dtype=tf.float32, name="bias")

def model(xs):
    logits = tf.multiply(xs, weight) + bias
    return logits
for xs, ys in zip(input_xs, input_ys):
    xs = np.reshape(xs, [1])
```

```
    ys = np.reshape(ys, [1])
    with tf.GradientTape() as tape:
        _loss = tf.reduce_mean(tf.pow((model(xs) - ys), 2)) / (2 * 1000)
    grads = tape.gradient(_loss, [weight, bias])
    opt.apply_gradients(zip(grads, [weight, bias]))
    print('Training loss is :', _loss.numpy())
print(weight)
print(bias)
```

该程序的运行结果如图 2.3 所示。

```
Training loss is : 4.4408923e-19
Training loss is : 4.4408923e-19
Training loss is : 0.0
<tf.Variable 'weight:0' shape=() dtype=float32, numpy=3.0>
<tf.Variable 'bias:0' shape=() dtype=float32, numpy=0.21700002>
```

图 2.3 程序 2-5 的运行结果

可以看到经过迭代计算以后，生成的 weight 值和 bias 值较好地拟合成预定的数据。有 TensorFlow 1.X 编程经验的读者可能会对这种数据更新的方式不习惯，不过记住这种写法即可：

```
grads = tape.gradient(_loss, [weight, bias])
opt.apply_gradients(zip(grads, [weight, bias]))
```

除此之外，Keras 对于梯度的更新采用回调的方式，代码如下：

```
#    _loss = lambda: tf.losses.MeanSquaredError()(model(xs), ys)
#    opt.minimize(_loss, [weight, bias])        直接更新匿名函数
#    print(_loss().numpy())                      注意_loss 后面的括号
```

全部代码如下所示（函数调用过于复杂，仅供参考）：

【程序 2-6】

```
import tensorflow as tf
import numpy as np
input_xs = np.random.rand(1000)
input_ys = 3 * input_xs + 0.217
weight = tf.Variable(1., dtype=tf.float32, name="weight")
bias = tf.Variable(1., dtype=tf.float32, name="bias")

def model(xs):
    logits = tf.multiply(xs, weight) + bias
    return logits

opt = tf.optimizers.Adam(1e-1)
# for xs, ys in zip(input_xs, input_ys):
#     xs = np.reshape(xs, [1])
```

```
#     ys = np.reshape(ys, [1])
#     _loss = lambda: tf.losses.MeanSquaredError()(model(xs), ys)#匿名回调函数
#     opt.minimize(_loss, [weight, bias])              #直接对回调函数进行更新
#     print(_loss().numpy())                           #打印函数计算值
# print(weight)
# print(bias)
```

在这里函数直接被调用,其内部多次用到回调函数,对 Python 有较多研究的读者可以尝试。

2.4 TensorFlow 2.0 进阶——AutoGraph 和 tf.function

TensorFlow 2.0 相对于 TensorFlow 1.x 来说并不是小打小闹的修订和维护,而是做出了重大的升级与改变。

从前面的介绍可知,TensorFlow 2.0 摒弃了一直使用的 Graph(图)模式,即先构建一个动态图,使用占位符将各个节点填满,之后开启会话(Session)不停地使用馈送(Feed)方法对 Graph 模式进行更新。TensorFlow 默认使用 2.0 版本的 Eager 执行模式。从目前演示的例子来看,读者可能会觉得 Eager 模式并没有太大的提升,但是随着对本书内容的学习,就会对 TensorFlow 2.0 新的模型训练方式感到喜爱,Eager 模式能够让模型执行得更加简洁和明确,对多层和多模块的模型处理也更加简洁和方便。

一直以来,TensorFlow 1.x 长期存在的一个诟病是无法使用 Python 支持的常用代码,而必须使用标准的 TensorFlow 所内置的 API 和函数,然而这些函数往往因为编写复杂和使用困难,所以并不能被大多数程序编写者所掌握。

针对这种情况,TensorFlow 2.0 推出了一个新的运行理念,即 AutoGraph。

一个典型的例子就是在 TensorFlow 1.x 中如果对数据进行判断或循环,是无法使用 Python 原生的 if 和 for 函数的,而必须使用 TensorFlow 1.x 自带的函数 tf.while、tf.cond 等复杂的算子来实现动态流程控制。

1. 第一步:首先定义一个函数

```
def check_fun(input_num):
if input_num > 1:
output = input_num * input_num
else:
output = 1 - input_num
return output
```

这里用 Python 的固有方式定义了一个非常简单的 check 函数,当输入数据大于 1 时,返回输入值的平方;当输入数据小于 1 时,返回与 1 的差值。

2. 第二步：调用 AutoGraph 模型对数据进行计算

```
print('Eager results:',(check_fun(tf.constant(2.0))," and ",check_fun(tf.constant(0.2))))
```

打印输出的结果如下：

```
Eager results: 4.0 and 0.8
```

当运行这段代码时，TensorFlow 2.0 自动调用 Eager 模式执行函数，这是在内部所完成的，没有任何问题。然而，对于有 TensorFlow 1.x 编写经验的程序编写者来说，这是不支持的。此时在 TensorFlow 2.0 中自动调用 AutoGraph 对 Python 原生函数进行了包装，即在内部自动完成了以下函数：

```
tf_check_fun = tf.autograph.to_graph(check_fun)
```

如果读者想进一步了解 AutoGraph 的过程，可以使用如下函数：

```
print(tf.autograph.to_code(check_fun))
```

将这个过程打印出来。现在读者只需要知道对于 Python 原生的关键词，可以将其看作 TensorFlow 2.0 自带的一个常规运行函数，无差异地执行。

相比较而言，对于 TensorFlow 2.0 所采用的 Eager 模式，在极大地提高了程序编写易用性的基础上，牺牲了部分 TensorFlow Graph 模式的效率。可以说 TensorFlow 函数在原生的 Graph 模式下的执行效率是最高的，Eager 模式下的效率次之，经 AutoGraph 转换后的代码效率最低。

TensorFlow 2.0 使用的 Eager 模式在代码的编写上更为简洁，而原生的 Graph 模式效率却是最高的，因此为了解决这个差异，TensorFlow 2.0 在 AutoGraph 的基础上还引入了一个新的函数包装方法——tf.function。

简单地说，就是 tf.function 分层次地将一个函数的操作自动构建成一个 TensorFlow 所能够接受的 Graph，这样在调用时执行这个 Graph，从而使得执行效率更高。使用方法如下：

```
tf_check_fun = tf.function(check_fun)
```

check_fun 函数被 tf.function 重新装饰，并将以 Graph 模式执行，可以把其想象成一个封装了 Graph 的 TensorFlow 原生函数，直接调用它也会立即得到 Tensor 结果。

tf.function 包装后的函数在其内部是高效执行的。当在内部打印 Tensor 时，Eager 模式时执行会直接打印 Tensor 的值，而 Graph 模式打印的是 Tensor 句柄，无法调用 numpy 函数取出值，这和 TF 1.x 的 Graph 模式是一致的。由于 tf.function 装饰的函数是以 Graph 模式执行，其执行速度一般要比 Eager 模式快，当 Graph 包含很多小操作时差距更为明显。

但是，这样会带来一个问题——tf.function 内部管理了一系列 Graph，并控制了 Graph 的执行。另外，虽然函数内部定义了一系列的操作，但是对于不同的输入需要不同的计算图。例如，函数输入 Tensor 的 shape 或者 dtype 不同，那么计算图是不同的。

【程序 2-7】

```
import tensorflow as tf

@tf.function
def get_num(input_num):
    print("input is:", input_num)
    return input_num + input_num

print("result is :",get_num(tf.constant(1)))
print("---------")
print("result is :",get_num(tf.constant(1.0)))
print("---------")
print("result is :",get_num(tf.constant([1, 2])))
```

该程序的运行结果如图 2.4 所示。

```
input is: Tensor("input_num:0", shape=(), dtype=int32)
result is : tf.Tensor(2, shape=(), dtype=int32)
---------
input is: Tensor("input_num:0", shape=(), dtype=float32)
result is : tf.Tensor(2.0, shape=(), dtype=float32)
---------
input is: Tensor("input_num:0", shape=(2,), dtype=int32)
result is : tf.Tensor([2 4], shape=(2,), dtype=int32)
```

图 2.4　程序 2-7 的运行结果

注意函数内部的打印，当输入 Tensor 的 shape 或者类型发生变化时，打印的东西也会相应改变。所以，它们的计算图（静态的）并不一样。tf.function 这种多态特性其实是背后追踪了（Tracing）不同的计算图。具体来说，被 tf.function 装饰的函数 f 接受一定的 Tensor，并返回 0 到任意 Tensor。当装饰后的函数 F 被执行时：

（1）根据输入 Tensor 的 shape 和 dtype 确定一个"trace_cache_key"。

（2）每个"trace_cache_key"映射了一个 Graph，当新的"trace_cache_key"要建立时，f 将构建一个新的 Graph，若"trace_cache_key"已经存在，则需要从缓存中查找已有的 Graph。

（3）将输入的 Tensor 放进这个 Graph，然后执行得到输出的 Tensor。

这种多态性是程序编写时所需要的，因为有时候会输入具有不同 shape 与 dtype 的 Tensor，但是当"trace_cache_key"越来越多时，就意味着要缓存庞大的 Graph，这时就要注意了。特别是对于具有不同维度的输入数据，即根据不同的维度自动更新模型维度的图处理框架，影响是巨大的。实际上每次由于维度的变化，TensorFlow 内部维护的一系列 Graph（图）都会随之发生变化，从而影响性能。这一点需引起程序编写者的注意。

tf.function 的另外一个参数是 autograph，默认是 True，意思是在构建 Graph 时将自动使用 AutoGraph。这样就可以在函数内部使用 Python 原生的条件判断以及循环语句了，因为它们会被 tf.cond 和 tf.while_loop 转化为 Graph 代码。需要注意的是判断分支和循环必须依赖于 Tensor 才会被转化，当 autograph 为 False 时，如果存在判断分支和循环必须依赖于 Tensor 的情况时将会出错。

2.5 本章小结

不管读者是刚刚学习 AI 的新手，还是已经对使用 TensorFlow 解决实际问题有丰富经验的"大神"，对于 TensorFlow 2.0，或许都需要重新学习，因为变化太多了，有太多的优点和设计理念值得去深入了解和掌握。

对于 TensorFlow 正式走上舞台的 Eager 模式，笔者在这里再次强调一下，这是一项伟大的变革与跃进，它正式摒弃了繁杂的 Graph 模式，使用动态图机制（Eager Execution）能够让程序的编写者和使用者在兼顾效率与简洁的同时可以实现一个最优化的模型训练。

为了提高开发效率而提供的 AutoGraph 和 tf.function 函数能够将已有的其他函数兼容并包地加载到 TensorFlow 内部，使其成为模型的一部分，就像原生的 TensorFlow 函数一样，可以更为高效地运行。

这些都是 TensorFlow 带来的可以看得见的变化，Keras 的正式加入成为官方所推荐的高级 API，并为此放弃和删除了自带的已经被大多数读者所熟知的 tf.layers 和 Slim 层。所有这一切都表明了一个态度，希望读者能够更多地使用 Keras 作为开发的首选目标。下一章笔者将着重介绍 Keras 的使用，请读者认真学习。

第 3 章

TensorFlow和Keras

神经网络专家 Rachel Thomas 曾说过,"接触 TensorFlow 后,我感觉自己还是不够聪明,但有了 Keras 之后,事情会变得简单一些。"

他所提到的 Keras 是一个高级别的 Python 神经网络框架,能在 TensorFlow 上运行的一种高级的 API 框架。Keras 拥有丰富的对数据的封装和一些先进的模型实现,避免了大家"重复发明轮子"。换言之,Keras 对于提升开发者的开发效率来讲意义重大。TensorFlow+Keras 的徽标(Logo)如图 3.1 所示。

图 3.1 TensorFlow+Keras 的徽标

"不要重复发明轮子。"这是 TensorFlow 引入 Keras API 的最终目的。不过,请读者注意,本书的程序还是以 TensorFlow 代码编写为主、Keras 为辅助的,目的是为了简化程序的编写。

本章非常重要,强烈建议读者独立完成每个完整代码和代码段的编写。

3.1 模型!模型!模型!还是模型

神经网络的核心是就是模型(Model)。

任何一个神经网络的主要设计思想和功能都是以模型为中心的,TensorFlow 也不例外。

TensorFlow 或 TensorFlow 高级 API Keras 的核心数据结构都是模型(一种组织网络层的方式)。最简单的模型是 Sequential(顺序)模型,由多个网络层线性堆叠而成。对于更复杂的结构,应该使用 Keras 函数式 API,其允许构建任意的神经网络图。

为了便于理解和易于上手，笔者首先从 Sequential 模型开始。一个标准的 Sequential 模型如下：

```
# Flatten
model = tf.keras.models.Sequential()                        #创建一个Sequential模型
# Add layers
model.add(tf.keras.layers.Dense(256, activation="relu"))    #依次添加层
model.add(tf.keras.layers.Dense(128, activation="relu"))    #依次添加层
model.add(tf.keras.layers.Dense(2, activation="softmax"))   #依次添加层
```

可以看到，这里首先创建了一个 Sequential 模型，之后根据需要逐级向其中添加不同的全连接层。全连接层的作用是进行矩阵计算，而相互之间又通过不同的激活函数进行激活计算。（这种没有输入输出值的编程方式对有经验的程序设计人员来说并不友好，仅供举例。）

对于损失函数的计算，根据不同拟合方式和数据集的特点，需要建立不同的损失函数最大程度反馈拟合曲线错误。这里的损失函数采用的是交叉熵函数（softmax_crossentroy），使得数据计算分布能够最大限度地拟合目标值。如果对此陌生，只需要记住这些名词和下面的代码编写即可。代码如下：

```
logits = model(_data)                                       #固定写法
loss_value = tf.reduce_mean(tf.keras.losses.categorical_crossentropy(y_true = lable,y_pred = logits))    #固定写法
```

首先通过模型计算出对应的值（内部采用前向调用函数），之后用 tf.reduce_mean 计算出损失函数。

模型建立完毕后，就该准备数据了。一份简单而标准的数据、一个简单而具有指导思想的例子往往事半功倍。在深度学习中最常用的入门例子是 iris 分类。下面就使用 TensorFlow 2.0 的 Keras 模式实现一个 iris 鸢尾花分类的例子。

3.2 使用 Keras API 实现鸢尾花分类的例子（顺序模式）

iris 数据集是常用的分类实验数据集，由 Fisher 于 1936 年收集整理。iris 也称鸢尾花卉数据集，是一类多重变量分析的数据集，包含 150 个数据集，可分为 3 类，每类 50 个数据，每个数据包含 4 个属性。可通过花萼长度、花萼宽度、花瓣长度、花瓣宽度 4 个属性预测鸢尾花卉属于 Setosa、Versicolour、Virginica 这 3 个种类中的哪一类。鸢尾花的样子如图 3.2 所示。

图 3.2 鸢尾花

3.2.1 数据的准备

不需要下载鸢尾花数据集，一般常用的机器学习工具都自带 iris 数据集，导入 iris 数据集的代码如下：

```
from sklearn.datasets import load_iris
data = load_iris()
```

这里导入的是 sklearn 数据库中的 iris 数据集，直接载入即可。其中的数据是以 key-value 的形式对应存放的，key 值如下：

```
dict_keys(['data', 'target', 'target_names', 'DESCR', 'feature_names'])
```

由于本例中需要 iris 的特征与分类目标，因此只需要获取 data 和 target，代码如下：

```
from sklearn.datasets import load_iris
data = load_iris()
iris_target = data.target
iris_data = np.float32(data.data)          #将其转化为float类型的列表（list）
```

数据打印输出的结果如图 3.3 所示。

```
[[5.1 3.5 1.4 0.2]
 [4.9 3.  1.4 0.2]
 [4.7 3.2 1.3 0.2]
 [4.6 3.1 1.5 0.2]
 [5.  3.6 1.4 0.2]]
[0 0 0 0 0]
```

图 3.3 数据打印输出的结果

这里分别打印了前 5 组数据。可以看到 iris 数据集分成了 4 个不同特征进行数据记录的，而每个特征又对应于一个分类表示。

3.2.2 数据的处理

下面就是数据处理部分，对特征的表示不需要变动。而对于分类表示的结果，全部打印输出的结果如图 3.4 所示。

```
[0 0 0 0 0 0 0 0 0 0 0 0 0 0 0 0 0 0 0 0 0 0 0 0 0 0 0 0 0 0 0 0
 0 0 0 0 0 0 0 0 0 0 0 0 0 0 0 0 0 1 1 1 1 1 1 1 1 1 1 1 1 1 1 1 1 1
 1 1 1 1 1 1 1 1 1 1 1 1 1 1 1 1 1 1 1 1 1 1 1 1 2 2 2 2 2 2 2 2 2 2
 2 2 2 2 2 2 2 2 2 2 2 2 2 2 2 2 2 2 2 2 2 2 2 2 2 2 2 2 2 2 2 2 2 2
 2 2]
```

图 3.4　数据处理

这里按数字分成了 3 类，0、1 和 2 分别代表 3 种类型。按照直接计算的思路可以将数据结果向固定的数字进行拟合。这样做就是一个回归问题，即通过回归曲线去拟合出最终结果。但是本例实际上是一个分类任务，因此需要对其进行分类处理。

分类处理中一个非常简单的方法就是进行独热编码（one-hot）处理，也就是将一个序列化数据分到不同的数据空间进行表示，如图 3.5 所示。

```
[[1. 0. 0.]
 [1. 0. 0.]
 [1. 0. 0.]
 [1. 0. 0.]
 [1. 0. 0.]
 [1. 0. 0.]
```

图 3.5　one-hot 处理

具体在程序处理上，读者可以自行实现 one-hot 的代码，也可以使用 Keras 自带的分散化工具对数据进行处理。代码如下：

```
iris_target = np.float32(tf.keras.utils.to_categorical(iris_target, num_classes=3))
```

这里的 num_classes 分成了 3 类，由一行三列来表示每个类别。

交叉熵函数与分散化表示的方法超出了本书的内容，因而不做过多介绍。读者只需要知道交叉熵函数需要和 softmax 配合，从分布上向离散空间靠拢即可。

```
iris_data = tf.data.Dataset.from_tensor_slices(iris_data).batch(50)
iris_target = tf.data.Dataset.from_tensor_slices(iris_target).batch(50)
```

当生成的数据读取到内存中，并准备以批量形式打印时使用的是 tf.data.Dataset.from_tensor_slices 函数，可以根据具体情况对批量数据进行设置。tf.data.Dataset 函数更多的细节和用法在后面的章节中会专门介绍。

3.2.3 梯度更新函数的写法

梯度更新函数是根据误差的幅度对数据进行更新的方法，代码如下：

```
grads = tape.gradient(loss_value, model.trainable_variables)
opt.apply_gradients(zip(grads, model.trainable_variables))
```

与前面线性回归例子的差别是，使用的模型直接获取参数的方式对数据进行不断更新而非人为指定。至于人为指定和排除某些参数的方法属于高级程序设计，在后面的章节会提到。

【程序 3-1】

```
import tensorflow as tf
import numpy as np
from sklearn.datasets import load_iris
data = load_iris()
iris_target = data.target
iris_data = np.float32(data.data)
iris_target = np.float32(tf.keras.utils.to_categorical(iris_target, num_classes=3))
iris_data = tf.data.Dataset.from_tensor_slices(iris_data).batch(50)
iris_target = tf.data.Dataset.from_tensor_slices(iris_target).batch(50)
model = tf.keras.models.Sequential()
# Add layers
model.add(tf.keras.layers.Dense(32, activation="relu"))
model.add(tf.keras.layers.Dense(64, activation="relu"))
model.add(tf.keras.layers.Dense(3,activation="softmax"))
opt = tf.optimizers.Adam(1e-3)
for epoch in range(1000):
    for _data,lable in zip(iris_data,iris_target):
        with tf.GradientTape() as tape:
            logits = model(_data)
            loss_value = tf.reduce_mean(tf.keras.losses.categorical_crossentropy(y_true = lable,y_pred = logits))
            grads = tape.gradient(loss_value, model.trainable_variables)
            opt.apply_gradients(zip(grads, model.trainable_variables))
    print('Training loss is :', loss_value.numpy())
```

该程序的运行结果如图 3.6 所示。可以看到损失值在符合要求的范围内不断降低，最终达到预期目标。

```
Training loss is : 0.06653369
Training loss is : 0.066514015
Training loss is : 0.0664944
Training loss is : 0.06647475
Training loss is : 0.06645504

Process finished with exit code 0
```

图 3.6　程序 3-1 的运行结果

3.2.4　使用 Keras 函数式编程实现鸢尾花分类的例子（重点）

对于有编程经验的程序设计人员来说，顺序编程过于抽象，同时缺乏过多的自由度，因此在较为高级的程序设计中达不到程序设计的目标。

Keras 函数式编程是定义复杂模型（如多输出模型、有向无环图，或具有共享层的模型）的方法。下面从一个简单的例子开始。程序 3-1 建立模型的方法是使用顺序编程，即通过逐级添加的方式将数据"add"到模型中。这种方式在较低级的编程上可以较好地减轻编程的难度，但是在自由度方面会有非常大的影响。例如，当需要对输入的数据进行重新计算时，顺序编程方法就不适用了。

函数式编程方法类似于传统的编程。只需要建立模型导入输入和输出"形式参数"即可。有 TensorFlow 1.x 编程基础的读者可以将其看作是一种新的格式的"占位符"。示例代码如下：

```
inputs = tf.keras.layers.Input(shape=(4))
# 层的实例是可调用的，它以张量为参数，并且返回一个张量
x = tf.keras.layers.Dense(32, activation='relu')(inputs)
x = tf.keras.layers.Dense(64, activation='relu')(x)
predictions = tf.keras.layers.Dense(3, activation='softmax')(x)
# 这部分创建了一个包含输入层和三个全连接层的模型
model = tf.keras.Model(inputs=inputs, outputs=predictions)
```

下面开始对其进行分析。

1. 输入端

首先是 input 的形参：

```
inputs = tf.keras.layers.Input(shape=(4))
```

需要从源码上来看，代码如下：

```
tf.keras.Input(
    shape=None,
    batch_size=None,
    name=None,
    dtype=None,
    sparse=False,
    tensor=None,
```

```
    **kwargs
)
```

Input 函数用于实例化 Keras 张量。Keras 张量是来自底层后端输入的张量对象,其中增加了某些属性,能够通过了解模型的输入和输出来构建 Keras 模型。

参数解析:

- shape: 形状元组(整数),不包括批量大小。例如,shape=(32,)表示预期的输入将是 32 维向量的批次。
- batch_size: 可选的静态批量大小(整数)。
- name: 图层的可选名称字符串。在模型中应该是唯一的(不要重复使用相同的名称两次)。如果未提供它将自动生成。
- dtype: 数据类型,即预期输入的数据格式,一般有 float32、float64、int32 等类型。
- sparse: 一个布尔值,指定是否创建占位符是稀疏的。
- tensor: 可选的现有张量包裹到 Input 图层中。如果设置,图层将不会创建占位符张量。
- **kwargs: 其他的一些参数。

上面是官方的解释,可以看到,这里的 input 函数就是根据设定的维度大小生成一个可供存放对象的张量空间,维度就是 shape 中设定的维度。

> **注 意**
> 与传统的 TensorFlow 不同的是,这里的 batch 大小并不显式地定义在输入 shape 中。

举例来说,在一个后续的学习中会遇到 MNIST 数据集,即一个手写图片分类的数据集,每张图片的大小用四维来表示,比如[1,28,28,1]。第 1 个数字是每个批次的大小,第 2 和 3 个数字是图片的尺寸,第 4 个数字是图片通道的个数。因此输入到 input 中的数据为:

```
#举例说明,这里四维变成三维,不设置 batch 的值
inputs = tf.keras.layers.Input(shape=(28,28,1))
```

2. 中间层

下面每个层的写法与使用顺序模式也是不同的:

```
x = tf.keras.layers.Dense(32, activation='relu')(inputs)
```

在这里每个类被直接定义,之后将值作为类实例化以后的输入值进行计算。

```
x = tf.keras.layers.Dense(32, activation='relu')(inputs)
x = tf.keras.layers.Dense(64, activation='relu')(x)
predictions = tf.keras.layers.Dense(3, activation='softmax')(x)
```

可以看到这里与顺序最大的区别就在于实例化类以后有对应的输入端,较为符合一般程序编写习惯。

3. 输出端

不需要额外的表示，直接将计算的最后一个层作为输出端即可：

```
predictions = tf.keras.layers.Dense(3, activation='softmax')(x)
```

4. 模型的组合方式

直接将输入端和输出端在模型类中显式地注明，Keras 即可在后台将各个层级通过输入和输出对应的关系连接在一起。

```
model = tf.keras.Model(inputs=inputs, outputs=predictions)
```

完整的代码如下所示。

【程序 3-2】

```python
import tensorflow as tf
import numpy as np
from sklearn.datasets import load_iris
data = load_iris()
iris_target = data.target
iris_data = np.float32(data.data)
iris_target = np.float32(tf.keras.utils.to_categorical(iris_target,num_classes=3))
print(iris_target)
iris_data = tf.data.Dataset.from_tensor_slices(iris_data).batch(50)
iris_target = tf.data.Dataset.from_tensor_slices(iris_target).batch(50)
inputs = tf.keras.layers.Input(shape=(4))
# 层的实例是可调用的，以张量为参数，并且返回一个张量
x = tf.keras.layers.Dense(32, activation='relu')(inputs)
x = tf.keras.layers.Dense(64, activation='relu')(x)
predictions = tf.keras.layers.Dense(3, activation='softmax')(x)
# 这部分创建了一个包含输入层和三个全连接层的模型
model = tf.keras.Model(inputs=inputs, outputs=predictions)
opt = tf.optimizers.Adam(1e-3)
for epoch in range(1000):
    for _data,lable in zip(iris_data,iris_target):
        with tf.GradientTape() as tape:
            logits = model(_data)
            loss_value = tf.reduce_mean(tf.keras.losses.
categorical_crossentropy(y_true = lable,y_pred = logits))
            grads = tape.gradient(loss_value, model.trainable_variables)
            opt.apply_gradients(zip(grads, model.trainable_variables))
print('Training loss is :', loss_value.numpy())
model.save('./saver/the_save_model.h5')
```

程序 3-2 的基本架构仿照前面没有多少变化，损失函数和梯度更新方法是固定的写法，最

大的不同点在于，使用模型自带的 saver 函数保存数据。在 TensorFlow 2.0 中，数据的保存由 Keras 完成，即将图（Graph）和对应的参数完整地保存在 h5 格式中。

3.2.5　使用保存的 Keras 模式对模型进行复用

前面已经说过，对于保存的文件，Keras 是将所有的信息都保存在 h5 文件中，这里包含所有模型结构信息和训练过的参数信息。

```
new_model = tf.keras.models.load_model('./saver/the_save_model.h5')
```

tf.keras.models.load_model 函数从给定的地址中载入 h5 文件中保存的模型，而后根据保存的模型自动建立一个新的模型。

模型的复用直接调用模型 predict 函数：

```
new_prediction = new_model.predict(iris_data)
```

这里直接将 iris 数据作为预测数据进行输入，全部代码如下所示。

【程序 3-3】

```
import tensorflow as tf
import numpy as np
from sklearn.datasets import load_iris
data = load_iris()
iris_data = np.float32(data.data)
iris_target = (data.target)
iris_target = np.float32(tf.keras.utils.to_categorical(iris_target,num_classes=3))
new_model = tf.keras.models.load_model('./saver/the_save_model.h5')#载入模型
new_prediction = new_model.predict(iris_data)        #进行预测

print(tf.argmax(new_prediction,axis=-1))             #打印预测结果
```

该程序的运行结果如图 3.7 所示，最终的计算结果被完整地打印出来。

```
tf.Tensor(
[0 0 0 0 0 0 0 0 0 0 0 0 0 0 0 0 0 0 0 0 0 0 0 0 0 0 0 0 0 0 0 0 0 0 0 0 0
 0 0 0 0 0 0 0 0 0 0 0 0 0 1 1 1 1 1 1 1 1 1 1 1 1 1 1 1 1 1 1 1 1 2 1 1 1
 1 1 1 1 1 1 1 1 1 1 1 1 1 1 1 1 1 1 1 1 1 1 2 2 2 2 2 2 2 2 2 2 2 2 2 2 2
 2 2 2 2 2 2 2 2 2 2 2 2 2 2 2 2 2 2 2 2 2 2 2 2 2 2 2 2 2 2 2 2 2 2 2 2 2
 2 2], shape=(150,), dtype=int64)
```

图 3.7　程序 3-3 的运行结果

3.2.6　使用 TensorFlow 2.0 标准化编译对 iris 模型进行拟合

在程序 3-1 中，笔者使用符合传统 TensorFlow 习惯的梯度更新方式对参数进行了更新。然而这种看起来符合编程习惯的梯度计算和更新方法可能并不符合大多数有机器学习使用经验的读者使用。下面就以修改后的 iris 分类为例来讲解标准化 TensorFlow 2.0 的编译方法。

实际上大多数机器学习的程序设计人员往往习惯使用 fit 函数和 compile 函数进行数据载入和参数分析。代码如下（先运行，后面会有更为细节的运行分析）。

【程序3-4】

```
import tensorflow as tf
import numpy as np
from sklearn.datasets import load_iris
data = load_iris()
iris_data = np.float32(data.data)
iris_target = (data.target)
iris_target = np.float32(tf.keras.utils.to_categorical(iris_target,num_classes=3))
train_data = tf.data.Dataset.from_tensor_slices((iris_data,iris_target)).batch(128)
input_xs = tf.keras.Input(shape=(4), name='input_xs')
out = tf.keras.layers.Dense(32, activation='relu', name='dense_1')(input_xs)
out = tf.keras.layers.Dense(64, activation='relu', name='dense_2')(out)
logits = tf.keras.layers.Dense(3, activation="softmax",name='predictions')(out)
model = tf.keras.Model(inputs=input_xs, outputs=logits)
opt = tf.optimizers.Adam(1e-3)
model.compile(optimizer=tf.optimizers.Adam(1e-3), loss=tf.losses.categorical_crossentropy,
metrics = ['accuracy'])
model.fit(train_data, epochs=500)
score = model.evaluate(iris_data, iris_target)
print("last score:",score)
```

1. 数据的获取

本例还是使用 sklearn 中的 iris 数据集作为数据来源，之后将 target 转化成 one-hot 的形式进行存储。顺便提一句，TensorFlow 本身也带有 one-hot 函数，即 tf.one_hot，有兴趣的读者可以自行学习。

读取之后的处理在后文介绍，现在请读者继续按顺序阅读。

2. 模型的建立和参数更新

这里笔者不准备采用新模型的建立方法，对于读者来说，熟悉函数化编程就能应对大多数深度学习模型的建立。在后面章节中笔者会教读者自定义某些层的方法。

对于梯度的更新，目前为止都是采用类似回传调用等方式对参数进行更新。这是由程序设计者手动完成的，然而 TensorFlow 2.0 自带了（并且作为推荐使用）梯度更新方法。代码如下：

```
model.compile(optimizer=tf.optimizers.Adam(1e-3), loss=tf.losses.categorical_crossentropy,metrics = ['accuracy'])
```

```
model.fit(train_data, epochs=500)
```

compile 函数是模型适配损失函数和选择优化器的专用函数,而 fit 函数的作用是把训练参数加载到模型中。下面分别对其进行讲解。

(1) compile

compile 函数是 TensorFlow 2.0 中用于配置训练模型的专用编译函数。源码如下:

```
compile(optimizer, loss=None, metrics=None, loss_weights=None,
sample_weight_mode=None, weighted_metrics=None, target_tensors=None)
```

这里笔者主要介绍其中最重要的 3 个参数: optimizer、loss 和 metrics。

- optimizer: 字符串(优化器名)或者优化器实例。
- loss: 字符串(目标函数名)或目标函数。如果模型具有多个输出,则可以通过传递损失函数的字典或列表在每个输出上使用不同的损失值。模型最小化的损失值将是所有单个损失值的总和。
- metrics: 在训练和测试期间的模型评估标准。通常会使用 metrics = ['accuracy']。若要为多输出模型的不同输出指定不同的评估标准,则可以传递一个字典,如 metrics = {'output_a': 'accuracy'}。

可以看到,优化器(Optimizer)被传入了选定的优化器函数,loss 是损失函数,这里也被传入选定的多分类 crossentropy 函数。metrics 是用来评估模型的标准,一般用准确率来表示。

实际上,compile 编译函数是一个多重回调函数的集合,对于所有的参数实际上就是根据对应函数的"地址"回调对应的函数,并将参数传入。

举个例子,在上面的编译器中传递的是一个 TensorFlow 2.0 自带的损失函数,而实际上往往针对不同的计算和误差需要使用不同的损失函数,在这里自定义一个均方差(MSE)损失函数,代码如下:

```
def my_MSE(y_true , y_pred):
    my_loss = tf.reduce_mean(tf.square(y_true - y_pred))
    return my_loss
```

损失函数中接收 2 个参数,分别是 y_true 和 y_pred,即预测值和真实值的形式参数。之后根据需要计算出真实值和预测值之间的误差。

损失函数名作为地址传递给 compile 后即可作为自定义的损失函数在模型中进行编译。代码如下:

```
opt = tf.optimizers.Adam(1e-3)
def my_MSE(y_true , y_pred):
    my_loss = tf.reduce_mean(tf.square(y_true - y_pred))
    return my_loss
model.compile(optimizer=tf.optimizers.Adam(1e-3), loss=my_MSE,metrics = ['accuracy'])
```

优化器的自定义实际上也是可以的，但是一般情况下优化器的编写需要比较高的编程技巧以及对模型的理解。这里使用 TensorFlow 2.0 自带的优化器即可。

（2）fit

fit 函数的作用以给定数量的轮次（数据集上的迭代）训练模型，主要参数有如下 4 个：

- x: 训练数据的 NumPy 数组（如果模型只有一个输入），或者是 NumPy 数组的列表（如果模型有多个输入）。如果模型中的输入层被命名，也可以传递一个字典，将输入层名称映射到 NumPy 数组。如果从本地框架张量馈送（例如 TensorFlow 数据张量）数据，x 可以是 None（默认）。
- y: 目标（标签）数据的 NumPy 数组（如果模型只有一个输出），或者是 NumPy 数组的列表（如果模型有多个输出）。如果模型中的输出层被命名，也可以传递一个字典，将输出层名称映射到 NumPy 数组。如果从本地框架张量馈送（例如 TensorFlow 数据张量）数据，y 可以是 None（默认）。
- batch_size: 整数或 None。每次梯度更新的样本数。如果未指定，默认为 32。
- epochs: 整数。训练模型迭代轮次。一个轮次是在整个 x 和 y 上的一轮迭代。注意：与 initial_epoch 一起，epochs 被理解为"最终轮次"。模型并不是训练了 epochs 轮，而是到第 epochs 轮停止训练。

fit 函数的主要作用就是对输入的数据进行修改。如果已经成功运行了程序 3-4，那么换一种略微修改后的代码，重写运行 iris 数据集。

【程序 3-5】

```
import tensorflow as tf
import numpy as np
from sklearn.datasets import load_iris
data = load_iris()
#数据的形式
iris_data = np.float32(data.data)            #数据读取
iris_target = (data.target)
iris_target = np.float32(tf.keras.utils.to_categorical(iris_target,num_classes=3))
input_xs = tf.keras.Input(shape=(4), name='input_xs')
out = tf.keras.layers.Dense(32, activation='relu', name='dense_1')(input_xs)
out = tf.keras.layers.Dense(64, activation='relu', name='dense_2')(out)
logits = tf.keras.layers.Dense(3, activation="softmax",name='predictions')(out)
model = tf.keras.Model(inputs=input_xs, outputs=logits)
opt = tf.optimizers.Adam(1e-3)
model.compile(optimizer=tf.optimizers.Adam(1e-3), loss=tf.losses.categorical_crossentropy,metrics = ['accuracy'])
#fit 函数载入数据
```

```
model.fit(x=iris_data,y=iris_target,batch_size=128, epochs=500)
score = model.evaluate(iris_data, iris_target)
print("last score:",score)
```

程序 3-4 和程序 3-5 最大的不同在于数据读取方式的变化。在程序 3-4 中，数据的读取方式和 fit 函数的载入方式如下：

```
iris_data = np.float32(data.data)
iris_target = (data.target)
iris_target =
np.float32(tf.keras.utils.to_categorical(iris_target,num_classes=3))
train_data =
tf.data.Dataset.from_tensor_slices((iris_data,iris_target)).batch(128)
……
model.fit(train_data, epochs=500)
```

iris 的数据读取被分成 2 个部分，分别是数据特征部分和标注（Label）部分。标注部分使用 Keras 自带的工具进行离散化处理。而离散化后处理的部分又被 tf.data.Dataset API 整合成一个新的数据集，并且按 batch 被切分成多个部分。

此时 fit 的处理对象是一个被 tf.data.Dataset API 处理后的 Tensor 类型数据，并且在切分的时候按照整合的内容被依次读取，由于读取的是一个 Tensor 类型的数据，因此 fit 内部的 batch_size 划分不起作用，而要使用生成数据 tf 中数据生成器的 batch_size 进行划分。如果读者对其还是不能够理解，则可使用如下代码段打印重新整合后的 train_data 中的数据：

```
for iris_data,iris_target in train_data
```

回到程序 3-5 中，取出对应于数据读取和载入的部分：

```
#数据的形式
iris_data = np.float32(data.data)                #数据读取
iris_target = (data.target)
iris_target =
np.float32(tf.keras.utils.to_categorical(iris_target,num_classes=3))
……
#fit 函数载入数据
model.fit(x=iris_data,y=iris_target,batch_size=128, epochs=500)
```

可以看到数据在读取和载入的过程中没有变化，将处理后的数据直接输入到 fit 函数中供模型使用。此时由于是直接对数据进行操作，因此对数据的划分由 fit 函数负责，并且 batch_size 被设定为 128。

3.3 多输入单一输出 TensorFlow 2.0 编译方法（选学）

在前面内容的学习中，笔者采用的是标准化的深度学习流程，即数据的准备、处理，数据的输入与计算，以及最后结果的打印。虽然在真实情况中可能会遇到各种各样的问题，但是基本步骤不会变。

一个非常重要的问题是，在模型的计算过程中遇到多个数据输入端应该怎么处理（见图3.8）。

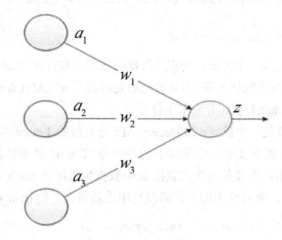

图 3.8　多个数据输入端

以 Tensor 格式的数据为例，在数据的转化部分就需要将数据进行"打包"处理，即将不同的数据按类型进行打包，如下所示。

输入1，输入2，输入3，标签 -> (输入1，输入2，输入3)，标签

注意小括号的位置，将数据分成2个部分，即"输入"与"标注"两类。多输入的部分使用小括号打包在一起，形成一个整体。

下面还是以 iris 数据集为例讲解多数据输入的问题。

3.3.1　数据的获取与处理

从前面的介绍可以知道，iris 数据集每行是由一个 4 个特征组合在一起表示的特征集合，此时可以人为地将其切分，即将长度为4的特征转化成一个长度为3和一个长度为1的两个特征集合。代码如下：

```
import tensorflow as tf
import numpy as np
from sklearn.datasets import load_iris
```

```python
data = load_iris()
iris_data = np.float32(data.data)
iris_data_1 = []
iris_data_2 = []
for iris in iris_data:
    iris_data_1.append(iris[0])
    iris_data_2.append(iris[1:4])
```

打印其中的一条:

```
5.1
[3.5 1.4 0.2]
```

可以看到，一行 4 列的数据被拆分成 2 组特征。

3.3.2 模型的建立

数据被人为地拆分成 2 个部分，因此在模型的输入端也要能够处理 2 组数据的输入问题。

```python
input_xs_1 = tf.keras.Input(shape=(1,), name='input_xs_1')
input_xs_2 = tf.keras.Input(shape=(3,), name='input_xs_2')
input_xs = tf.concat([input_xs_1,input_xs_2],axis=-1)
```

上述代码先用 input_xs_1 和 input_xs_2 作为数据的接收端接受传递进来的数据，之后通过一个 concat 重新将数据组合，恢复成一条 4 特征的集合。

```python
out = tf.keras.layers.Dense(32, activation='relu', name='dense_1')(input_xs)
out = tf.keras.layers.Dense(64, activation='relu', name='dense_2')(out)
logits = tf.keras.layers.Dense(3, activation="softmax",name='predictions')(out)
model = tf.keras.Model(inputs=[input_xs_1,input_xs_2], outputs=logits)
```

剩余部分没有变化，按照前面的程序处理即可。

3.3.3 数据的组合

切分后的数据需要重新组合，生成能够符合模型需求的 Tensor 数据。这里最为关键的是在模型中对输入输出格式的定义。把模型的输入输出格式拆分为:

```
input = 【输入 1，输入 2】, outputs = 输出        #请注意模型中的中括号
```

因此，在 Tensor 建立的过程中也要按照模型输入的格式创建对应的数据集，格式如下:

```
((输入 1，输入 2),输出)
```

注意，这里采用 2 层括号对数据进行打包，即首先将"输入 1"和"输入 2"打包成一个输入数据，之后重新打包"输出"共同组成一个数据集。转化 Tensor 数据的代码如下:

```
train_data =
```

```
tf.data.Dataset.from_tensor_slices(((iris_data_1,iris_data_2),iris_target)).ba
tch(128)
```

> **注 意**
>
> 一定要注意小括号的层数。

完整的代码如下所示。

【程序 3-6】

```
import tensorflow as tf
import numpy as np
from sklearn.datasets import load_iris
data = load_iris()
iris_data = np.float32(data.data)
iris_data_1 = []
iris_data_2 = []
for iris in iris_data:
    iris_data_1.append(iris[0])
    iris_data_2.append(iris[1:4])
iris_target = np.float32(tf.keras.utils.to_categorical(data.target,num_classes=3))
#注意数据的打包层数
train_data = tf.data.Dataset.from_tensor_slices(((iris_data_1,iris_data_2),iris_target)).batch(128)
input_xs_1 = tf.keras.Input(shape=(1,), name='input_xs_1') #接收输入参数一
input_xs_2 = tf.keras.Input(shape=(3,), name='input_xs_2') #接收输入参数二
input_xs = tf.concat([input_xs_1,input_xs_2],axis=-1)       #重新组合参数
out = tf.keras.layers.Dense(32, activation='relu', name='dense_1')(input_xs)
out = tf.keras.layers.Dense(64, activation='relu', name='dense_2')(out)
logits = tf.keras.layers.Dense(3, activation="softmax",name='predictions')(out)
#请注意模型中的中括号
model = tf.keras.Model(inputs=[input_xs_1,input_xs_2], outputs=logits)
opt = tf.optimizers.Adam(1e-3)
model.compile(optimizer=tf.optimizers.Adam(1e-3), loss=tf.losses.categorical_crossentropy,metrics = ['accuracy'])
model.fit(x = train_data, epochs=500)
score = model.evaluate(train_data)
print("多头 score: ",score)
```

该程序的运行结果如图 3.9 所示。

```
1/2 [==============>.............] - ETA: 0s - loss: 0.1158 - accuracy: 0.9609
2/2 [==============================] - 0s 0s/step - loss: 0.0913 - accuracy: 0.9667
Epoch 500/500

1/2 [==============>.............] - ETA: 0s - loss: 0.1157 - accuracy: 0.9609
2/2 [==============================] - 0s 0s/step - loss: 0.0912 - accuracy: 0.9667

1/2 [==============>.............] - ETA: 0s - loss: 0.1155 - accuracy: 0.9609
2/2 [==============================] - 0s 31ms/step - loss: 0.0829 - accuracy: 0.9667
多头score:   [0.08285454660654068, 0.96666664]
```

图3.9　程序 3-6 的运行结果

其实对于认真阅读本书的读者来说，上面的打印输出结果应该见过很多次了，在这里 TensorFlow 2.0 默认输出了每个循环结束后的损失值，并且按 compile 函数中设定的内容输出准确率（Accuracy）值。最后的 evaluate 函数通过对测试集中的数据进行重新计算来获取损失值和准确率。本例使用训练数据代替测试数据。

在程序 3-6 中数据的准备是使用 tf.data API 来完成的，即通过打包的方式将数据输出，也可以直接将输出输入到模型中进行训练。代码如下所示。

【程序 3-7】

```
import tensorflow as tf
import numpy as np
from sklearn.datasets import load_iris
data = load_iris()
iris_data = np.float32(data.data)
iris_data_1 = []
iris_data_2 = []
for iris in iris_data:
    iris_data_1.append(iris[0])
    iris_data_2.append(iris[1:4])
iris_target = np.float32(tf.keras.utils.to_categorical(data.target,num_classes=3))
input_xs_1 = tf.keras.Input(shape=(1,), name='input_xs_1')
input_xs_2 = tf.keras.Input(shape=(3,), name='input_xs_2')
input_xs = tf.concat([input_xs_1,input_xs_2],axis=-1)
out = tf.keras.layers.Dense(32, activation='relu', name='dense_1')(input_xs)
out = tf.keras.layers.Dense(64, activation='relu', name='dense_2')(out)
logits = tf.keras.layers.Dense(3, activation="softmax",name='predictions')(out)
model = tf.keras.Model(inputs=[input_xs_1,input_xs_2], outputs=logits)
opt = tf.optimizers.Adam(1e-3)
model.compile(optimizer=tf.optimizers.Adam(1e-3), loss=tf.losses.categorical_crossentropy,metrics = ['accuracy'])
model.fit(x = ([iris_data_1,iris_data_2]),y=iris_target,batch_size=128, epochs=500)
score = model.evaluate(x=([iris_data_1,iris_data_2]),y=iris_target
```

```
print("多头 score: ",score)
```

该程序的运行结果请读者自行验证,需要注意的是其中数据的打包情况。

3.4 多输入多输出 TensorFlow 2.0 编译方法(选学)

对于多输入单一输出的 TensorFlow 2.0 的写法读者已经知道,然而在实际编程中有没有可能遇到多输入多输出的情况呢?事实上是有的。虽然读者可能遇到的情况会很少,但是在必要的时候还是需要设计多输出的神经网络模型去进行训练,例如 "bert" 模型。

实际上也可以仿照单一输入模型改为多输入模型的写法,将 output 的数据使用中括号进行打包。

首先是对数据的修正和设计,数据的输入被平均分成 2 组,每组有 2 个特征。这实际上没什么变化。对于特征的分类,在导入 one-hot 处理的分类数据集之外,还保留了数据分类的真实值作为目标辅助分类的计算结果。无论是多输入还是多输出,都会使用打包的形式将数据重新打包成一个整体的数据集合。

```
iris_data_1 = []
iris_data_2 = []
for iris in iris_data:
    iris_data_1.append(iris0:[2])
    iris_data_2.append(iris[2:])
iris_label = data.target
iris_target = 
np.float32(tf.keras.utils.to_categorical(data.target,num_classes=3))
train_data = tf.data.Dataset.from_tensor_slices(((iris_data_1,iris_data_2),
(iris_target,iris_label))).batch(128)
```

在 fit 函数中,直接调用打包后的输入数据即可:

```
model.fit(x = train_data, epochs=500)
```

完整的代码如下所示。

【程序 3-8】

```
import tensorflow as tf
import numpy as np
from sklearn.datasets import load_iris
data = load_iris()
iris_data = np.float32(data.data)
```

```
    iris_data_1 = []
    iris_data_2 = []
    for iris in iris_data:
        iris_data_1.append(iris[:2])
        iris_data_2.append(iris[2:])
    iris_label = data.target
    iris_target =
np.float32(tf.keras.utils.to_categorical(data.target,num_classes=3))
    train_data = tf.data.Dataset.from_tensor_slices(((iris_data_1,iris_data_2),
(iris_target,iris_label))).batch(128)
    input_xs_1 = tf.keras.Input(shape=(2), name='input_xs_1')
    input_xs_2 = tf.keras.Input(shape=(2), name='input_xs_2')
    input_xs = tf.concat([input_xs_1,input_xs_2],axis=-1)
    out = tf.keras.layers.Dense(32, activation='relu', name='dense_1')(input_xs)
    out = tf.keras.layers.Dense(64, activation='relu', name='dense_2')(out)
    logits = tf.keras.layers.Dense(3,
activation="softmax",name='predictions')(out)
    label = tf.keras.layers.Dense(1,name='label')(out)
    model = tf.keras.Model(inputs=[input_xs_1,input_xs_2],
outputs=[logits,label])
    opt = tf.optimizers.Adam(1e-3)
    def my_MSE(y_true , y_pred):
        my_loss = tf.reduce_mean(tf.square(y_true - y_pred))
        return my_loss
    model.compile(optimizer=tf.optimizers.Adam(1e-3), loss={'predictions':
tf.losses.categorical_crossentropy, 'label':
my_MSE},loss_weights={'predictions': 0.1, 'label': 0.5},metrics = ['accuracy'])
    model.fit(x = train_data, epochs=500)
    score = model.evaluate(train_data)
    print("多头 score: ",score)
```

该程序的运行结果如图 3.10 所示。

```
ETA: 0s - loss: 0.0106 - predictions_loss: 0.0463 - label_loss: 0.0118 - predictions_accuracy: 0.9844 - label_accurac
0s 3ms/step - loss: 0.0075 - predictions_loss: 0.0304 - label_loss: 0.0071 - predictions_accuracy: 0.9867 - label_acc

ETA: 0s - loss: 0.0107 - predictions_loss: 0.0474 - label_loss: 0.0120 - predictions_accuracy: 0.9844 - label_accurac
0s 53ms/step - loss: 0.0064 - predictions_loss: 0.0304 - label_loss: 0.0067 - predictions_accuracy: 0.9867 - label_ac
```

图 3.10　程序 3-8 的运行结果

限于章节篇幅的关系，这里也只是输出结果其中的一部分内容，相信读者能够理解输出数据内容的含义。

3.5 全连接层详解

学完前面的内容后，相信读者对 TensorFlow 2.0 程序设计有了较多的理解，甚至会觉得自己很厉害。不过这里一直在使用的、反复提及的全连接层到底是什么样的存在呢？

3.5.1 全连接层的定义与实现

全连接层的每一个结点都与上一层的所有结点相连，用来把前边提取到的特征综合起来，如图 3.11 所示。由于全相连的特性，因此一般全连接层的参数也是最多的。

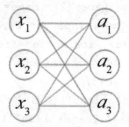

图 3.11 全连接层

图 3.11 是一个简单的全连接网络，其推导过程如下：

$$w_{11} \times x_1 + w_{12} \times x_2 + w_{13} \times x_3 = a_1$$
$$w_{21} \times x_1 + w_{22} \times x_2 + w_{23} \times x_3 = a_2$$
$$w_{31} \times x_1 + w_{32} \times x_2 + w_{33} \times x_3 = a_3$$

如果将推导公式转化一下，写法如下：

$$[w_{11}, w_{12}, w_{13}][x_1][a_1]$$
$$[w_{21}, w_{22}, w_{33}][x_2] = [a_2]$$
$$[w_{31}, w_{32}, w_{33}][x_3][a_3]$$

可以看到，全连接的核心操作就是矩阵向量乘积：$w * x = y$。

下面举一个例子，使用 TensorFlow 2.0 自带的 API 实现一个简单的矩阵计算。

$$[1,1] \quad [1]$$
$$[2,2] * \quad [1] = [?]$$

首先通过公式计算对数据进行一个先行验证，按推导公式计算如下：

$$(1 \times 1 + 1 \times 1) + 0.17 = 2.17$$

$$(2 \times 1 + 2 \times 1) + 0.17 = 4.17$$

这样最终形成了一个新的矩阵[2.17,4.17]。代码如下：

【程序 3-9】

```
import tensorflow as tf
weight = tf.Variable([[1.],[1.]])                    #创建参数 weight
bias   = tf.Variable([[0.17]])                       #创建参数 bias
input_xs = tf.constant([[1.,1.],[2.,2.]])            #创建输入值
matrix = tf.matmul(input_xs,weight) + bias           #计算结果
print(matrix)                                        #打印结果
```

该程序打印输出的结果如下：

```
tf.Tensor([[2.17] [4.17]], shape=(2, 1), dtype=float32)
```

可以看到，这里最终计算出一个 Tensor，大小为 shape=(2, 1)，类型为 float32，其值为[[2.17] [4.17]]。

计算本身非常简单，请注意笔者在定义参数和定义输入值时采用的不同写法：

```
weight = tf.Variable([[1.],[1.]])
input_xs = tf.constant([[1.,1.],[2.,2.]])
```

在这里对于参数的定义，笔者使用的是 Variable 函数，对应内容打印如下：

```
<tf.Variable 'Variable:0' shape=(2, 1) dtype=float32, numpy=array([[1.], [1.]],
dtype=float32)>
```

对于输入值的定义，笔者使用的是 constant 函数，input_xs 打印如下：

```
tf.Tensor([[1. 1.]
          [2. 2.]], shape=(2, 2), dtype=float32)
```

通过对比可以看到，这里的 weight 被定义成一个可变参数 Variable 类型，供在后续的反向计算中进行调整，而 constant 函数是直接读取数据并将其定义成 Tensor 格式。

3.5.2 使用 TensorFlow 2.0 自带的 API 实现全连接层

在上一节中笔者编写范例程序 3-9 仅仅是为了介绍全连接层的计算方法，而不是介绍全连接层。全连接本质就是由一个特征空间线性变换到另一个特征空间。目标空间的任意一维（隐藏层的一个节点）都会受到源空间每一维的影响。通俗地说，目标向量是源向量的加权和。

全连接层一般是接在特征提取网络之后，用作对特征的分类器。全连接常出现在最后几层，用于对前面设计的特征计算加权和。前面的网络相当于实现特征工程，后面的全连接相当于进行特征加权。

具体的神经网络差值反馈算法在第 4 章会介绍。

下面笔者就实现一个可以加载到模型中的"自定义全连接层"。

1. 自定义层的继承

在 TensorFlow 2.0 中，任何一个自定义的层都继承自 tf.keras.layers.Layer，笔者将其称为"父层"，如图 3.12 所示。自定义层实际上是父层的一个具体实现。

```
▼ ⓒ Layer(module.Module)
    ⓜ __init__(self, trainable=True, name=None, dtype=None, dynamic=False, **kwargs)
    ⓜ build(self, input_shape)
    ⓜ call(self, inputs, **kwargs)
    ⓜ add_weight(self, name=None, shape=None, dtype=None, initializer=None, regularizer
    ⓜ get_config(self)
    ⓜ from_config(cls, config)
    ⓜ compute_output_shape(self, input_shape)
    ⓜ compute_output_signature(self, input_signature)
    ⓜ compute_mask(self, inputs, mask=None)
```

图 3.12　父层

从图 3.12 可以看到，Layer 层是由多个函数构成的，基于继承的关系，如果想要实现自定义的层，那么必须实现其中的函数。

2. "父层"函数

所谓的"父层"就是这里自定义的层继承自哪里，告诉 TensorFlow 2.0 框架遵守"父层"的函数，实现自定义的功能。

Layer 层中需要自定义的函数有很多，但是实际上在使用时一般只需要定义那些必须使用的函数即可，例如 build、call 函数，以及初始化所必需的 __init__ 函数。

（1）__init__ 函数：首先是一些必要参数的初始化，这些参数的初始化写在 def __init__(self,) 中，然后是一些参数的初始化。写法如下：

```
class MyLayer(tf.keras.layers.Layer):          #显示继承自 Layer 层
    def __init__(self, output_dim):             #init 中显式地确定参数
        self.output_dim = output_dim            #把参数加载到类中
        super(MyLayer, self).__init__()         #向父类注册
```

可以看到，init 函数中最重要的就是显式地确定需要的一些参数。特别要注意的是，对于输入的 init 中的参数，输入 Tensor 是不会在这里进行标注的，init 初始化的是模型参数。输入值不属于"模型参数"。

（2）build 函数：build 函数的内容主要是声明需要更新的参数部分，如权重等，一般使用 self.kernel = tf.Variable(shape=[ ])等来声明需要更新的参数变量。

```
    def build(self, input_shape):  #build 函数参数中的 input_shape 形参是固定不变的写法
        self.weight =
tf.Variable(tf.random.normal([input_shape[-1],self.output_dim]),
name="dense_weight")
        self.bias = tf.Variable(tf.random.normal([self.output_dim]),
```

```
name="bias_weight",trainable=self.trainable)
        super(MyLayer, self).build(input_shape)  # Be sure to call this somewhere!
```

build 函数参数中的 input_shape 形参是固定不变的写法，其中自定义的参数需要加上 self，声明是在类中使用的全局参数。

上面加黑显示的 super(MyLayer, self).build(input_shape)，读者目前只需要记得这种写法即可，它用于在 build 的最后确定参数定义结束。

（3）call 函数：call 函数是最重要的函数，这部分代码包含了主要层的实现。

init 函数（定义并声明了参数）和 build 函数（声明了权重可变参数）只是定义了一些初始化的参数以及一些需要更新的参数变量，而真正实现所定义类的功能是在 call 函数中。

```
    def call(self, input_tensor):                              #这里声明输入 Tensor
        out = tf.matmul(input_tensor,self.weight) + self.bias  #计算
        out = tf.nn.relu(out)                                  #计算
        out = tf.keras.layers.Dropout(0.1)(out)                #计算
        return out                                             #输出结果
```

可以看到，call 中的一系列操作是对 __init__ 和 build 中变量参数的引用，所有的计算都在 call 函数中完成。需要注意的是，输入的参数也是在这里出现的，经过计算后将计算值返回。

```
class MyLayer(tf.keras.layers.Layer):
    def __init__(self, output_dim,trainable = True):
        self.output_dim = output_dim
        self.trainable = trainable
        super(MyLayer, self).__init__()

    def build(self, input_shape):
        self.weight = tf.Variable(tf.random.normal([input_shape[-1],self.output_dim]), name="dense_weight")
        self.bias = tf.Variable(tf.random.normal([self.output_dim]), name="bias_weight")
        super(MyLayer, self).build(input_shape)   # Be sure to call this somewhere!

    def call(self, input_tensor):
        out = tf.matmul(input_tensor,self.weight) + self.bias
        out = tf.nn.relu(out)
        out = tf.keras.layers.Dropout(0.1)(out)
        return out
```

下面使用自定义的层修改 iris 模型。

【程序 3-10】

```
import tensorflow as tf
```

```python
import numpy as np
from sklearn.datasets import load_iris
data = load_iris()
iris_data = np.float32(data.data)
iris_target = (data.target)
iris_target = np.float32(tf.keras.utils.to_categorical(iris_target,num_classes=3))
train_data = tf.data.Dataset.from_tensor_slices((iris_data, iris_target)).batch(128)
#自定义的层——全连接层
class MyLayer(tf.keras.layers.Layer):
    def __init__(self, output_dim):
        self.output_dim = output_dim
        super(MyLayer, self).__init__()
    def build(self, input_shape):
        self.weight = tf.Variable(tf.random.normal([input_shape[-1],self.output_dim]), name="dense_weight")
        self.bias = tf.Variable(tf.random.normal([self.output_dim]), name="bias_weight")
        super(MyLayer, self).build(input_shape)  # Be sure to call this somewhere!
    def call(self, input_tensor):
        out = tf.matmul(input_tensor,self.weight) + self.bias
        out = tf.nn.relu(out)
        out = tf.keras.layers.Dropout(0.1)(out)
        return out

input_xs = tf.keras.Input(shape=(4), name='input_xs')
out = tf.keras.layers.Dense(32, activation='relu', name='dense_1')(input_xs)
out = MyLayer(32)(out)                          #自定义层
out = MyLayer(48)(out)                          #自定义层
out = tf.keras.layers.Dense(64, activation='relu', name='dense_2')(out)
logits = tf.keras.layers.Dense(3, activation="softmax",name='predictions')(out)
model = tf.keras.Model(inputs=input_xs, outputs=logits)
opt = tf.optimizers.Adam(1e-3)
model.compile(optimizer=tf.optimizers.Adam(1e-3), loss=tf.losses.categorical_crossentropy,metrics = ['accuracy'])
model.fit(train_data, epochs=1000)
score = model.evaluate(iris_data, iris_target)
print("last score:",score)
```

笔者首先定义了 MyLayer 作为全连接层，之后正如使用 TensorFlow 2.0 自带的层一样，直接生成类函数并指定输入参数,并将所有的层加入模型中。程序的运行结果如图3.13所示。

```
1/2 [==============>.............] - ETA: 0s - loss: 0.1278 - accuracy: 0.9531
2/2 [==============================] - 0s 4ms/step - loss: 0.0812 - accuracy: 0.9600

 32/150 [=====>........................] - ETA: 0s - loss: 3.6322e-07 - accuracy: 1.0000
150/150 [==============================] - 0s 592us/sample - loss: 0.0792 - accuracy: 0.9800
last score: [0.0791539035427498, 0.98]
```

图 3.13 程序 3-10 的运行结果

3.5.3 打印显示 TensorFlow 2.0 设计的模型结构和参数

在程序 3-10 中笔者使用自定义层实现了模型。如果读者认真学习了这部分内容,那么相信您一定可以实现自己的自定义层。

似乎有一个问题,对于自定义的层来说,这里的参数名(在 build 中定义的参数名)都是一样的,而在层生成的过程中似乎并没有对每个层进行重新命名或者将其归属于某个命名空间中。这似乎与传统的 TensorFlow 1.x 模型的设计结果相冲突。

实践是解决疑问的最好办法。TensorFlow 2.0 提供了打印模型结构的函数,代码如下:

```
print(model.summary())
```

需要时将这条语句置于构建后的模型后面,就可以打印出模型的结构与参数。

【程序 3-11】

```
import tensorflow as tf
import numpy as np
from sklearn.datasets import load_iris
data = load_iris()
iris_data = np.float32(data.data)
iris_target = (data.target)
iris_target = np.float32(tf.keras.utils.to_categorical(iris_target, num_classes=3))
train_data = tf.data.Dataset.from_tensor_slices((iris_data,iris_target)).batch(128)
class MyLayer(tf.keras.layers.Layer):
    def __init__(self, output_dim):
        self.output_dim = output_dim
        super(MyLayer, self).__init__()
    def build(self, input_shape):
        self.weight = tf.Variable(tf.random.normal([input_shape[-1], self.output_dim]), name="dense_weight")
        self.bias = tf.Variable(tf.random.normal([self.output_dim]), name="bias_weight")
        super(MyLayer, self).build(input_shape)   # Be sure to call this
```

```
somewhere!
    def call(self, input_tensor):
        out = tf.matmul(input_tensor,self.weight) + self.bias
        out = tf.nn.relu(out)
        out = tf.keras.layers.Dropout(0.1)(out)
        return out
input_xs = tf.keras.Input(shape=(4), name='input_xs')
out = tf.keras.layers.Dense(32, activation='relu', name='dense_1')(input_xs)
out = MyLayer(32)(out)
out = MyLayer(48)(out)
out = tf.keras.layers.Dense(64, activation='relu', name='dense_2')(out)
logits = tf.keras.layers.Dense(3,
activation="softmax",name='predictions')(out)
model = tf.keras.Model(inputs=input_xs, outputs=logits)
print(model.summary())
```

该程序的运行结果如图 3.14 所示。

```
Model: "model"
_____
Layer (type)                 Output Shape              Param #
=================================================================
input_xs (InputLayer)        [(None, 4)]               0
_____
dense_1 (Dense)              (None, 32)                160
_____
my_layer (MyLayer)           (None, 32)                1056
_____
my_layer_1 (MyLayer)         (None, 48)                1584
_____
dense_2 (Dense)              (None, 64)                3136
_____
predictions (Dense)          (None, 3)                 195
=================================================================
Total params: 6,131
Trainable params: 6,131
Non-trainable params: 0
```

图 3.14　程序 3-11 的运行结果

从打印出的模型结构可以看出，这里每一层都根据层的名称被重新命名了，而且由于名称相同，TensorFlow 2.0 框架自动根据命名方式增加了层数（名称）。

对于读者更为关心的参数问题，从对应行的第三列 Param 可以看出，不同的层，其参数个数也不相同，因此可以认为在 TensorFlow 2.0 中重名的模型被自动赋予一个新的名称，并保存在不同的命名空间之中。

3.6 本章小结

本章是 TensorFlow 的入门章节!

在本章中,笔者向读者完整地演示了 TensorFlow 高级 API Keras 的使用与自定义。相信读者对于使用一个简单的全连接网络进行基本的计算已经得心应手。

这只是 TensorFlow 和深度学习的入门部分。下一章笔者将向读者介绍 TensorFlow 最重要的"反向传播"算法,这是 TensorFlow 能够按权重更新和计算的核心内容。第 5 章将介绍 TensorFlow 2.0 中另外一个重要的层——卷积层。

第 4 章

TensorFlow 2.0 语法基础

上一章笔者向读者介绍了 TensorFlow 2.0（以下简称 TensorFlow）的基本使用方法。虽然从代码来看，通过 TensorFlow 构建一个可用的神经网络程序对回归进行拟合分析并不是一件很难的事，但是笔者在上一章的最后也说了，从代码量上来看，构建一个普通的神经网络是比较简单的，但是其背后的原理却不容小觑。

从本章开始，笔者将从 BP 神经网络（见图 4.1）的开始说起，介绍其概念、原理以及背后的数学原理。本章的后半部分阅读有一定的难度，读者可以自由选择阅读。

图 4.1 BP 神经网络

4.1 BP 神经网络简介

在介绍 BP（Backpropagation，反向传播）神经网络之前，人工神经网络是不可不说的内容。人工神经网络（Artificial Neural Network，ANN）的发展经历了大约半个世纪（从 20 世纪 40 年代初到 80 年代），经历了几起几落。

1943 年，心理学家 W·McCulloch 和数理逻辑学家 W·Pitts 在分析、总结神经元基本特性的基础上提出了神经元的数学模型（McCulloch-Pitts 模型，MP 模型），标志着神经网络研究的开始。受当时研究条件的限制,很多工作不能模拟,在一定程度上影响了 MP 模型的发展。尽管如此,MP 模型对后来的各种神经元模型及网络模型都有很大的启发作用,在此后的 1949 年,D.O.Hebb 从心理学的角度提出了至今仍对神经网络理论有着重要影响的 Hebb 法则。

1945 年,冯·诺依曼领导的设计小组试制成功存储程序式电子计算机,标志着电子计算机时代的开始。1948 年,他在研究工作中比较了人脑结构与存储程序式计算机的根本区别,提出了以简单神经元构成的再生自动机网络结构。但是,由于指令存储式计算机技术的发展非常迅速,迫使他放弃了神经网络研究的新途径,继续投身于指令存储式计算机技术的研究,并在此领域做出了巨大贡献。虽然,冯·诺依曼的名字是与普通计算机联系在一起的,但他也是人工神经网络研究的先驱之一(见图 4.2)。

图 4.2　人工神经网络的先驱

1958 年,F·Rosenblatt 设计制作了"感知机",它是一种多层的神经网络。这项工作首次把人工神经网络的研究从理论探讨付诸工程实践。感知机由简单的阈值性神经元组成,初步具备了诸如学习、并行处理、分布存储等神经网络的一些基本特征,从而确立了从系统角度进行人工神经网络研究的基础。

1930 年,B·Widrow 和 M·Hoff 提出了自适应线性元件网络(ADAptive LINear NEuron,ADALINE),这是一种连续取值的线性加权求和阈值网络。后来,在此基础上发展了非线性多层自适应网络。Widrow-Hoff 的技术被称为最小均方误差(Least Mean Square,LMS)学习规则。从此神经网络的发展进入了第一个高潮期。

的确,在一个有限范围内,感知机有较好的功能,并且收敛定理得到证明。单层感知机能够通过学习把线性可分的模式分开,但对像 XOR(异或)这样简单的非线性问题却无法求解,这一点让人们大失所望,甚至开始怀疑神经网络的价值和潜力。

1939 年,麻省理工学院著名的人工智能专家 M·Minsky 和 S·Papert,出版了颇有影响力的 Perceptron 一书,从数学上剖析了简单神经网络的功能和局限性,并且指出多层感知机还不能找到有效的计算方法,由于 M·Minsky 在学术界的地位和影响,其悲观的结论,被大多数人不做进一步分析而接受;加之当时以逻辑推理为研究基础的人工智能和数字计算机的辉煌成就,大大降低了人们对神经网络研究的热情。

20 世纪 30 年代末期,人工神经网络的研究进入了低潮。尽管如此,神经网络的研究并未完全停顿下来,仍有不少学者在极其艰难的条件下致力于这一研究。1972 年 T·Kohonen 和

J·Anderson 不约而同地提出具有联想记忆功能的新神经网络。1973 年，S·Grossberg 与 G·A·Carpenter 提出了自适应共振理论（Adaptive Resonance Theory，ART），并在以后的若干年内发展了 ART1、ART2、ART3 这 3 个神经网络模型，从而为神经网络研究的发展奠定了理论基础。

进入 20 世纪 80 年代，特别是 80 年代末期，对神经网络的研究从复兴很快转入了新的热潮。这主要是因为：一方面，经过十几年迅速发展的以逻辑符号处理为主的人工智能理论和冯·诺依曼计算机在处理诸如视觉、听觉、形象思维、联想记忆等智能信息处理问题上受到了挫折；另一方面，并行分布处理的神经网络本身的研究成果使人们看到了新的希望。

1982 年，美国加州工学院的物理学家 J·Hoppfield 提出了 HNN（Hoppfield Neural Network）模型，并首次引入了网络能量函数概念，使网络稳定性研究有了明确的判据，其电子电路实现为神经计算机的研究奠定了基础，同时开拓了神经网络用于联想记忆和优化计算的新途径。

1983 年，K·Fukushima 等提出了神经认知机网络理论；D·Rumelhart 和 J·McCelland 等提出了 PDP（Parallel Distributed Processing，并行分布式处理）理论，致力于认知微观结构的探索，同时发展了多层网络的 BP 算法，使 BP 网络成为目前应用最广的网络。1985 年，D·H·Ackley、G·E·Hinton 和 T·J·Sejnowski 将模拟退火概念移植到 Boltzmann 机模型的学习之中，以保证网络能收敛到全局最小值。

反向传播（见图4.3）一词的使用出现在 1985 年后。它的广泛使用是在 1983 年 D·Rumelhart 和 J·McCelland 所著的《并行分布式处理》（Parallel Distributed Processing）这本书出版以后。1987 年，T.Kohonen 提出了自组织映射（Self Organizing Map，SOM）。1987 年，[美]电气和电子工程师学会 IEEE（Institute for Electrical and Electronic Engineers）在圣地亚哥（San Diego）召开了盛大规模的神经网络国际学术会议，国际神经网络学会（International Neural Networks Society）也随之诞生。

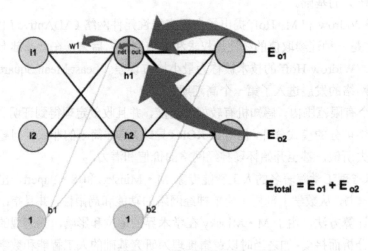

图 4.3　反向传播（BP）

1988 年，学会的正式杂志 Neural Networks 创刊。从 1988 年开始，国际神经网络学会和 IEEE 每年联合召开一次国际学术年会。1990 年，IEEE 神经网络会刊问世，之后各种期刊的神经网络特刊层出不穷，神经网络的理论研究和实际应用进入了一个蓬勃发展的时期。

BP 神经网络（见图 4.4）是一种按误差逆传播算法训练的多层前馈网络，是目前应用最广泛的神经网络模型之一，代表者是 D·Rumelhart 和 J·McCelland。

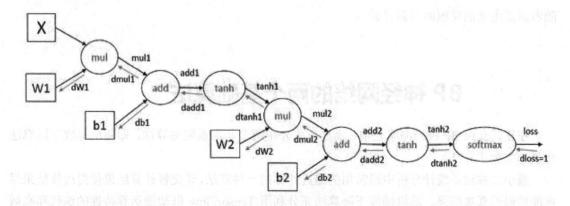

图 4.4　BP 神经网络

BP 算法(反向传播算法)的学习过程由信息的正向传播和误差的反向传播两个过程组成。

- 输入层各神经元负责接收来自外界的输入信息，并传递给中间层的各神经元。
- 中间层是内部信息处理层，负责信息变换，根据信息变化能力的需求，中间层可以设计为单隐藏层或者多隐藏层结构。
- 最后一个隐藏层传递到输出层各神经元的信息，经进一步处理后，完成一次学习的正向传播处理过程，由输出层向外界输出信息处理结果。

当实际输出与期望输出不符时，进入误差的反向传播阶段。误差通过输出层按误差梯度下降的方式修正各层权值，向隐藏层、输入层逐层反传。周而复始的信息正向传播和误差反向传播过程是各层权值不断调整的过程，也是神经网络学习训练的过程，此过程一直进行到网络输出的误差减少到可以接受的程度或者预先设定的学习次数为止。

目前神经网络的研究方向和应用很多，反映了多学科交叉技术领域的特点。主要的研究工作集中在以下几个方面：

- 生物原型研究。从生理学、心理学、解剖学、脑科学、病理学等生物科学方面研究神经细胞、神经网络、神经系统的生物原型结构及其功能机理。
- 建立理论模型。根据生物原型的研究，建立神经元、神经网络的理论模型。其中包括概念模型、知识模型、物理化学模型、数学模型等。
- 网络模型与算法研究。在理论模型研究的基础上构建具体的神经网络模型，以实现计算机模拟或准备制作硬件，包括网络学习算法的研究。这方面的工作也称为技术模型研究。
- 人工神经网络应用系统。在网络模型与算法研究的基础上，利用人工神经网络组成实际的应用系统，例如完成某种信号处理或模式识别的功能、构建专家系统、制成机器人等。

纵观当代新兴科学技术的发展历史，人类在征服宇宙空间、基本粒子，生命起源等科学技术领域的进程中历经了崎岖不平的道路。我们也会看到，探索人脑功能和神经网络的研究将伴随着重重困难的克服而日新月异。

4.2 BP 神经网络的两个基础算法

在正式介绍 BP 神经网络之前，需要首先介绍两个非常重要的算法，即随机梯度下降算法和最小二乘法。

最小二乘法是统计分析中最常用的逼近计算的一种算法，其交替计算结果使得最终结果尽可能地逼近真实结果。随机梯度下降算法充分利用 TensorFlow 框架图运算特性的迭代和高效性，不停地判断和选择当前目标下最优路径，使得在最短路径下达到最优的结果，从而提高大数据的计算效率。

4.2.1 最小二乘法（LS 算法）

LS 算法是一种数学优化技术，也是一种机器学习常用算法。它通过最小化误差的平方和寻找数据的最佳函数匹配。利用最小二乘法可以简便地求得未知的数据，并使得这些求得的数据与实际数据之间误差的平方和为最小。最小二乘法还可用于曲线拟合。其他一些优化问题也可通过最小化能量或最大化熵，用最小二乘法来表达。

由于最小二乘法不是本章的重点内容，因此笔者通过一个图（见图 4.5）来演示一下原理。

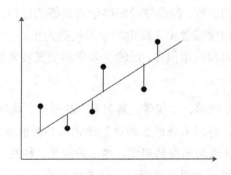

图 4.5 最小二乘法原理

从图 4.5 可以看出，若干个点依次分布在向量空间中，如果希望找出一条直线和这些点达到最佳匹配，那么最简单的一个方法就是希望这些点到直线的值最小，即下面最小二乘法实现公式的计算值最小。

$$f(x) = ax + b$$

$$\delta = \sum (f(x_i) - y_i)^2$$

这里直接使用的是真实值与计算值之间的差的平方和,具体而言,这种差值有一个专门的名称,即"残差"。基于此,表达残差的方式有以下 3 种:

- 范数:残差绝对值的最大值 $\max\limits_{1 \leq i \leq m} |r_i|$,即所有数据点中残差距离的最大值。
- L1 范数:绝对残差和 $\sum_{i=1}^{m} |r_i|$,即所有数据点残差距离之和。
- L2 范数:残差平方和 $\sum_{i=1}^{m} r_i^2$。

所谓的最小二乘法就是 L2 范数的一个具体应用。通俗地说,就是看模型计算出的结果与真实值之间的相似性。

因此,最小二乘法可由如下公式定义:

对于给定的数据 $(x_i, y_i)(i = 1, \cdots, m)$,在取定的假设空间 H 中,求解 $f(x) \in H$,使得残差 $\delta = \sum (f(x_i) - y_i)^2$ 的 L2 范数最小。

其中,$f(x)$ 是一条多项式曲线:

$$f(x,w) = w_0 + w_1 x + w_2 x^2 + w_3 x^3 + \cdots + w_n x^n$$

也就是说,找到这么一组权重 w,使得 $\delta = \sum (f(x_i) - y_i)^2$ 最小。那么问题就又来了,如何能使得最小二乘法最小呢?

通过数学上的微积分处理方法可以求出最小二乘法的结果。这是一个求极值的问题,只需要对权值依次求偏导数,最后令偏导数为 0,即可求出极值点。

$$\frac{\partial f}{\partial w_0} = 2 \sum_{1}^{m} (w_0 + w_1 x_i - y_i) = 0$$

$$\frac{\partial f}{\partial w_1} = 2 \sum_{1}^{m} (w_0 + w_1 x_i - y_i) x_i = 0$$

$$\cdots$$

$$\frac{\partial f}{\partial w_n} = 2 \sum_{1}^{m} (w_0 + w_n x_i - y_i) x_i = 0$$

具体实现最小二乘法的代码如下所示。

【程序 4-1】

```
import numpy as np
from matplotlib import pyplot as plt
A = np.array([[5],[4]])
C = np.array([[4],[6]])
```

```
B = A.T.dot(C)
AA = np.linalg.inv(A.T.dot(A))
l=AA.dot(B)
P=A.dot(l)
x=np.linspace(-2,2,10)
x.shape=(1,10)
xx=A.dot(x)
fig = plt.figure()
ax= fig.add_subplot(111)
ax.plot(xx[0,:],xx[1,:])
ax.plot(A[0],A[1],'ko')
ax.plot([C[0],P[0]],[C[1],P[1]],'r-o')
ax.plot([0,C[0]],[0,C[1]],'m-o')
ax.axvline(x=0,color='black')
ax.axhline(y=0,color='black')
margin=0.1
ax.text(A[0]+margin, A[1]+margin, r"A",fontsize=20)
ax.text(C[0]+margin, C[1]+margin, r"C",fontsize=20)
ax.text(P[0]+margin, P[1]+margin, r"P",fontsize=20)
ax.text(0+margin,0+margin,r"O",fontsize=20)
ax.text(0+margin,4+margin, r"y",fontsize=20)
ax.text(4+margin,0+margin, r"x",fontsize=20)
plt.xticks(np.arange(-2,3))
plt.yticks(np.arange(-2,3))
ax.axis('equal')
plt.show()
```

该程序的运行结果如图 4.6 所示。

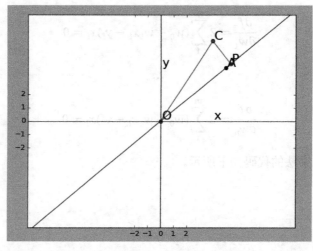

图 4.6 最小二乘法拟合曲线

4.2.2 道士下山的故事——梯度下降算法

在介绍随机梯度下降算法之前，给大家讲一个道士下山的故事，请看图4.7。

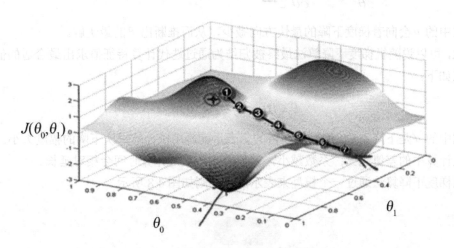

图 4.7 模拟随机梯度下降算法的演示图

这是一个模拟随机梯度下降算法的演示图。为了便于理解，笔者将其比喻成道士想要出去游玩的一座山。

设想道士有一天和道友一起到一座不太熟悉的山上去玩，在兴趣盎然中很快地登上了山顶。但是天有不测，下起了雨。如果这时需要道士和其同来的道友以最快的速度下山，该怎么办呢？

如果想以最快的速度下山，那么最快的办法就是顺着坡度最陡峭的地方走下去。但是由于不熟悉路，道士在下山的过程中每走过一段路程都需要停下来观望，从而选择最陡峭的下山路线。这样一路走下来的话，就可以在最短时间内走到底了。

从图4.7上的标注可以近似地表示为：

$$① \to ② \to ③ \to ④ \to ⑤ \to ⑥ \to ⑦$$

每个数字代表每次停顿的地点，这样只需在每个停顿的地点选择最陡峭的下山路线即可。

这就是一个道士下山的故事。随机梯度下降算法与此类似，如果想要使用最迅捷的方法，那么最简单的办法就是在下降一个梯度的阶层后寻找一个当前获得的最大坡度继续下降。这就是随机梯度算法的原理。

从上面的例子可以看出，随机梯度下降算法就是不停地寻找某个节点中下降幅度最大的那个趋势进行迭代计算，直到将数据收缩到符合要求的范围为止。通过数学公式表达的方式计算的话，公式如下：

$$f(\theta) = \theta_0 x_0 + \theta_1 x_1 + ... + \theta_n x_n = \sum \theta_i x_i$$

在讲上一节最小二乘法的时候，笔者通过最小二乘法说明了直接求解最优化变量的方法，也介绍了在求解过程中的前提条件是要求计算值与实际值的偏差的平方最小。

在随机梯度下降算法中，对于系数，需要通过不停地求解出当前位置下最优化的数据。通

过数学方式表达的话就是不停地对系数 θ 求偏导数,即:

$$\frac{\partial}{\partial \theta}f(\theta) = \frac{\partial}{\partial \theta}\frac{1}{2}\sum(f(\theta)-y_i)2 = (f(\theta)-y)x_i$$

公式中的 θ 会向着梯度下降的最快方向减少,从而推断出 θ 的最优解。

因此,可以说随机梯度下降算法最终被归结为通过迭代计算特征值求出最合适的值。θ 求解的公式如下:

$$\theta = \theta - \alpha(f(\theta)-y_i)x_i$$

公式中的 α 是下降系数,用较为通俗的话表示就是用以计算每次下降的幅度大小。系数越大,每次计算中的差值越大;系数越小,差值越小,但是计算时间会相对延长。

随机梯度下降算法通过一个模型来表示的话,则如图 4.8 所示。

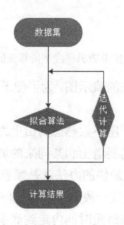

图 4.8 随机梯度下降算法的执行过程

实现随机梯度下降算法的关键是拟合算法的实现。本例的拟合算法实现较为简单,通过不停地修正数据值来达到数据的最优值。

随机梯度下降算法在神经网络特别是机器学习中应用较广,但是由于天生的缺陷,噪声数据较多,使得在计算过程中并不是都向着整体最优解的方向优化,往往可能只是一个局部最优解。为了克服这些困难,一个最好的办法就是增大数据量,在不停地使用数据进行迭代处理的时候能够确保整体的方向是全局最优解,或者最优结果在全局最优解附近。

【程序 4-2】

```
x = [(2, 0, 3), (1, 0, 3), (1, 1, 3), (1,4, 2), (1, 2, 4)]
y = [5, 6, 8, 10, 11]
epsilon = 0.002
alpha = 0.02
diff = [0, 0]
x = 1000
error0 = 0
error1 = 0
```

```
    cnt = 0
    m = len(x)
    theta0 = 0
    theta1 = 0
    theta2 = 0
    while True:
        cnt += 1
        for i in range(m):
            diff[0] = (theta0 * x[i][0] + theta1 * x[i][1] + theta2 * x[i][2]) - y[i]
            theta0 -= alpha * diff[0] * x[i][0]
            theta1 -= alpha * diff[0] * x[i][1]
            theta2 -= alpha * diff[0] * x[i][2]
        error1 = 0
        for lp in range(len(x)):
            error1 += (y[lp] - (theta0 + theta1 * x[lp][1] + theta2 * x[lp][2])) ** 2 / 2
        if abs(error1 - error0) < epsilon:
            break
        else:
            error0 = error1
    print('theta0 : %f, theta1 : %f, theta2 : %f, error1 : %f' % (theta0, theta1, theta2, error1))
    print('Done: theta0 : %f, theta1 : %f, theta2 : %f' % (theta0, theta1, theta2))
    print('迭代次数: %d' % cnt)
```

该程序的运行结果如下：

```
theta0 : 0.100684, theta1 : 1.564907, theta2 : 1.920652, error1 : 0.569459
Done: theta0 : 0.100684, theta1 : 1.564907, theta2 : 1.920652
迭代次数: 2118
```

从结果来看，迭代 2118 次即可获得最优解。

4.3 反馈神经网络反向传播算法

反向传播算法是神经网络的核心与精髓，在其训练中具有举足轻重的地位。

用通俗的话解释，反向传播算法就是复合函数的链式求导法则的一个强大应用，而且实际上的应用比起理论上的推导强大得多。本节将主要介绍反向传播算法的一个简单模型推导。虽然这个模型简单，但是应用广泛。

4.3.1 深度学习基础

机器学习在理论上可以看作统计学在计算机科学上的一个应用。在统计学上，一个非常重要的内容就是拟合和预测，即基于以往的数据，建立光滑的曲线模型实现数据结果与数据变量的对应关系。

深度学习为统计学的应用，同样是为了这个目的，寻找结果与影响因素的一一对应关系。只不过样本点由狭义的 x 和 y 扩展到向量、矩阵等广义的对应点。此时，数据复杂了，对应关系模型的复杂度也随之增加，而不能由一个简单的函数表达。

数学上通过建立复杂的高次多元来解决复杂模型拟合的问题，但是大多数都失败了，因为过于复杂的函数式是无法进行求解的，也就是其公式的求解是不可能的。

基于前人的研究，科研工作人员发现可以通过神经网络来表示一一对应的关系，而神经网络本质就是一个多元复合函数，通过增加神经网络的层次和神经单元，可以更好地表达函数的复合关系。

图 4.9 是多层神经网络的一个图像表达方式，这与前面 TensorFlow 游乐场中的神经网络模型类似。事实上也是如此，通过设置输入层、隐藏层与输出层可以形成一个多元函数求解的问题。

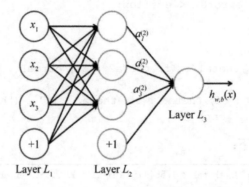

图 4.9 多层神经网络的表示

如果通过数学表达式将多层神经网络模型表达出来，则公式如图 4.10 所示。

$$a_1 = f(w_{11} \times x_1 + w_{12} \times x_2 + w_{13} \times x_3 + b_1)$$
$$a_2 = f(w_{21} \times x_1 + w_{22} \times x_2 + w_{23} \times x_3 + b_2)$$
$$a_3 = f(w_{31} \times x_1 + w_{32} \times x_2 + w_{33} \times x_3 + b_3)$$
$$h(x) = f(w_{11} \times a_1 + w_{12} \times a_2 + w_{13} \times a_3 + b_1)$$

图 4.10 多层神经网络的数学表达

其中，x 是输入数值，而 w 是相邻神经元之间的权重，也就是神经网络在训练过程中需要学习的参数。与线性回归类似的是，神经网络学习同样需要一个"损失函数"，即训练目标通过调整每个权重值 w 来使得损失函数最小。前面在讲解梯度下降算法的时候已经说过，如果权重过多或者指数过大，直接求解系数是不可能的，因此梯度下降算法是能够求解权重比较好的方法。

4.3.2 链式求导法则

在前面梯度下降算法的介绍中，并没有对其背后的原理进行更为详细的介绍。实际上梯度下降算法就是链式求导法则的一个具体应用，可以把前面公式中的损失函数以向量的形式来表示：

$$h(x) = f(w_{11}, w_{12}, w_{13}, w_{14}, ..., w_{ij})$$

那么其梯度向量则为

$$\nabla h = \frac{\partial f}{\partial W_{11}} + \frac{\partial f}{\partial W_{12}} + ... + \frac{\partial f}{\partial W_{ij}}$$

梯度向量就是求出函数在每个向量上的偏导数之和。这也是链式求导法则善于解决的方面。下面以 $e=(a+b)\times(b+1)$（见图 4.11）为例计算其偏导数。其中，$a=2$，$b=1$。

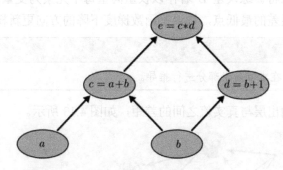

图 4.11　$e=(a+b)\times(b+1)$示意图

本例中为了求得最终值 e 对各个点的梯度，需要将各个点与 e 联系在一起。例如，期望求得 e 对输入点 a 的梯度，则只需要求得：

$$\frac{\partial e}{\partial a} = \frac{\partial e}{\partial c} \times \frac{\partial c}{\partial a}$$

这样就把 e 与 a 的梯度联系在一起。同理可得：

$$\frac{\partial e}{\partial b} = \frac{\partial e}{\partial c} \times \frac{\partial c}{\partial b} + \frac{\partial e}{\partial d} \times \frac{\partial d}{\partial b}$$

用图表示的话如图 4.12 所示。

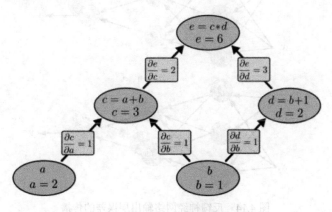

图 4.12　链式求导法则的应用

这样做的好处是显而易见的，求 e 对 a 的偏导数则只要建立一个 e 到 a 的路径，图中经过 c，那么通过相关的求导链接就可以得到所需要的值。对于求 e 对 b 的偏导数，也只需要建立所有 e 到 b 路径中的求导路径，从而获得需要的值。

4.3.3 反馈神经网络原理与公式推导

在求导过程中，如果拉长了求导过程或者增加了其中的单元，就会大大增加其中的计算过程，即很多偏导数的求导过程会被反复地重复，因此在实际上对于权值达到几十万或者几百万的神经网络来说，这样的重复冗余所导致的计算量是很大的。

反馈神经网络算法将训练误差 E 看作以权重向量每个元素为变量的高维函数，通过不断更新权重，寻找训练误差的最低点，按误差函数梯度下降的方向更新权值。

注 意
具体计算公式在本节后半部分进行推导。

首先求得最后的输出层与真实值之间的差距，如图 4.13 所示。

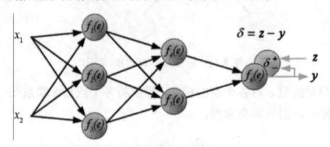

图 4.13 反馈神经网络最终误差的计算

之后以计算出的测量值与真实值为起点，反向传播到上一个节点，并计算出节点的误差值，如图 4.14 所示。

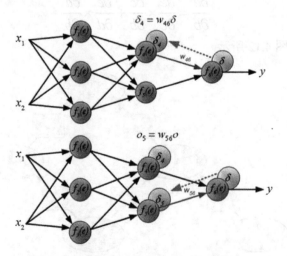

图 4.14 反馈神经网络输出层误差的传播

然后将计算出的节点误差重新设置为起点,依次向后传播误差,如图4.15所示。

> **注 意**
>
> 对于隐藏层,误差并不是像输出层那样由单个节点确定,而是由多个节点确定,因此要求得所有的误差值之和。

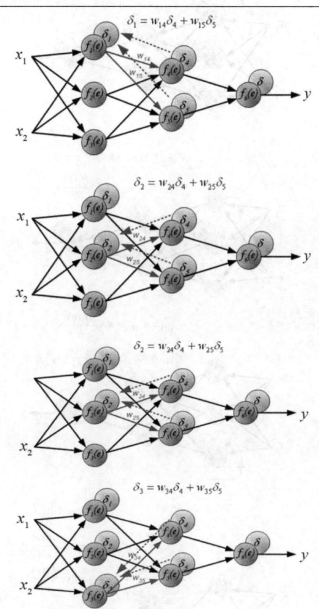

图4.15 反馈神经网络隐藏层误差的计算

通俗地解释,一般情况下误差的产生是由于输入值与权重的计算产生了错误,而对于输入值来说,输入值往往是固定不变的,因此对于误差的调节,则需要对权重进行更新。而权重的更新又是以输入值与真实值的偏差为基础的,当最终层的输出误差被反向一层层地传递回来后,每个节点被相应地分配适合其在神经网络地位中所担负的误差,即只需要更新其所需承担的误差量即可,如图 4.16 所示。

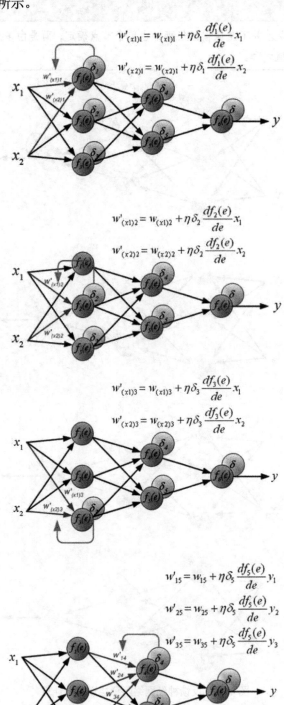

图 4.16　反馈神经网络权重的更新

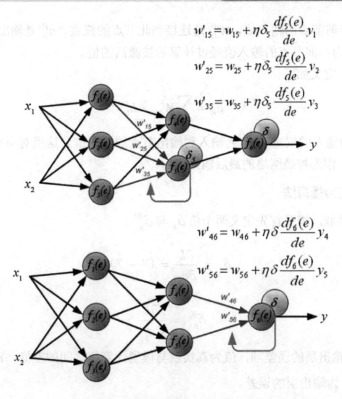

图4.16 反馈神经网络权重的更新（续）

即在每一层，都需要维护输出对当前层的微分值，该微分值相当于被复用于之前每一层里权值的微分计算，因此空间复杂度没有变化，同时也没有重复计算，每一个微分值都在之后的迭代中使用。

下面介绍一下公式的推导。公式的推导需要使用一些高等数学的知识，因此读者可以自由选择学习。

首先是算法的分析。前面已经说过，对于反馈神经网络算法，主要需要知道输出值与真实值之间的差值。

- 对输出层单元，误差项是真实值与模型计算值之间的差值。
- 对于隐藏层单元，因为缺少直接的目标值来计算隐藏层单元的误差，所以需要以间接的方式，来计算隐藏层的误差项对受隐藏层单元 h 影响的每一个单元的误差进行加权求和。
- 权值的更新方面，主要依靠学习速率、该权值对应的输入和单元的误差项。

定义一：前向传播算法

对于前向传播值的传递，隐藏层输出值定义如下：

$$a_h^{HI} = W_h^{HI} \times X_i$$

$$b_h^{HI} = f(a_h^{HI})$$

其中，X_i是当前节点的输入值，W_h^{HI}是连接到此节点的权重，a_h^{HI}是输出值。f是当前阶段的激活函数，b_h^{HI}为当前节点的输入值经过计算后被激活的值。

对于输出层，定义如下：

$$a_k = \sum W_{hk} \times b_h^{HI}$$

其中，W_{hk}为输入的权重，b_h^{HI}为输入到输出节点的输入值。这里对所有输入值进行权重计算后求得和值，作为神经网络的最后输出值a_k。

定义二：反向传播算法

与前向传播类似，需要首先定义两个值δ_k与δ_h^{HI}：

$$\delta_k = \frac{\partial L}{\partial a_k} = (Y - T)$$

$$\delta_h^{HI} = \frac{\partial L}{\partial a_h^{HI}}$$

其中，δ_k为输出层的误差项，值为真实值与模型计算值之间的差值；Y是计算值；T是输出真实值；δ_h^{HI}为输出层的误差。

> **注意**
>
> δ_k与δ_h^{HI}无论定义在哪个位置，都可以看作当前的输出值对于输入值的梯度计算。

神经网络反馈算法就是逐层地将最终误差进行分解，即每一层只与下一层打交道，如图4.17所示。鉴于此，可以假设每一层均为输出层的前一个层级，通过计算前一个层级与输出层的误差得到权重的更新。

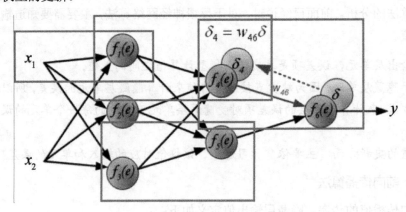

图4.17 权重的逐层反向传导

因此反馈神经网络计算公式定义为：

$$\delta_h^{HI} = \frac{\partial L}{\partial a_h^{HI}}$$

$$= \frac{\partial L}{\partial b_h^{HI}} \times \frac{\partial b_h^{HI}}{\partial a_h^{HI}}$$

$$= \frac{\partial L}{\partial b_h^{HI}} \times f\,'(a_h^{HI})$$

$$= \frac{\partial L}{\partial a_k} \times \frac{\partial a_k}{\partial b_h^{HI}} \times f\,'(a_h^{HI})$$

$$= \delta_k \times \sum W_{hk} \times f\,'(a_h^{HI})$$

$$= \sum W_{hk} \times \delta_k \times f\,'(a_h^{HI})$$

也就是说,当前层输出值对误差的梯度可以通过下一层的误差与权重和输入值的梯度乘积获得。在公式 $\sum W_{hk} \times \delta_k \times f\,'(a_h^{HI})$ 中,δ_k 若为输出层,则可以通过 $\delta_k = \frac{\partial L}{\partial a_k} = (Y-T)$ 求得;δ_k 若为非输出层,则可以使用逐层反馈的方式求得。

> **注 意**
>
> δ_k 与 δ_h^{HI} 的计算结果都是当前的输出值对于输入值的梯度计算,是权重更新过程中一个非常重要的数据计算内容。

或者换一种表述形式将前公式表示为:

$$\delta^l = \sum W_{ij}^l \times \delta_j^{l+1} \times f\,'(a_i^l)$$

可以看到,通过更为泛化的公式,可以把当前层的输出对输入的梯度计算转化成求下一个层级的梯度计算值。

定义三:权重的更新

反馈神经网络计算的目的是对权重的更新,因此与梯度下降算法类似,其更新可以仿照梯度下降对权值的更新公式:

$$\theta = \theta - \alpha(f(\theta) - y_i)x_i$$

即:

$$W_{ji} = W_{ji} + \alpha \times \delta_j^l \times x_{ji}$$

$$b_{ji} = b_{ji} + \alpha \times \delta_j^l$$

其中，ji 表示为反向传播时对应的节点系数，通过对 δ_j^l 的计算，就可以更新对应的权重值。

对于没有推导的 b_{ji}，其推导过程与 W_{ji} 类似，但是在推导过程中输入值是被消去的，请自行学习。

4.3.4　反馈神经网络原理的激活函数

回到反馈神经网络的函数：

$$\delta^l = \sum W_{ij}^l \times \delta_j^{l+1} \times f'(a_i^l)$$

前面对此公式中的 W_{ij}^l 和 δ_j^{l+1} 以及所需要计算的目标 δ^l 做了较为详尽的解释，但是对 $f'(a_i^l)$ 一直没有做介绍。

回到前面生物神经元的图示中，传递进来的电信号通过神经元进行传递。神经元的突触强弱是有一定敏感度的，也就是只会对超过一定范围的信号进行反馈，即这个电信号必须大于某个阈值时神经元才会被激活引起后续的传递。

在训练模型中同样需要设置神经元的阈值，即神经元被激活的频率用于传递相应的信息。模型中这种能够确定是否为当前神经元节点的函数被称为"激活函数"，如图 4.18 所示。

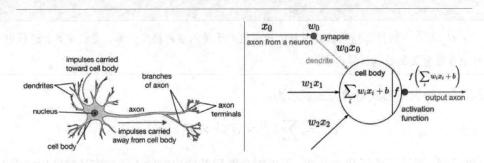

图 4.18　激活函数示意图

激活函数代表了生物神经元中接收到的信号强度，目前应用范围较广的是 sigmoid 函数。因为其在运行过程中只接受一个值，输出也只为一个值的信号，且输出值为 0~1 之间。

$$y = \frac{1}{1 + e^{-x}}$$

其图形如图 4.19 所示。

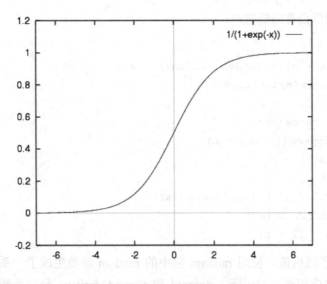

图 4.19 sigmoid 激活函数图

其导函数的求法也较为简单，即：

$$y' = \frac{e^{-x}}{(1+e^{-x})^2}$$

换一种表示方式为：

$$f(x)' = f(x) \times (1 - f(x))$$

sigmoid 输入一个实值的数，之后将其压缩到 0~1 之间，较大的负数会被映射成 0，而较大的正数会被映射成 1。

顺带说一句，sigmoid 函数在神经网络模型中占据了一段长久的统治地位，但是目前已经不常使用了，主要原因是非常容易出现区域饱和问题，当输入开始非常大或者非常小的时候，其梯度区域为零，在传播过程中产生接近于 0 的梯度，在后续的传播时会造成梯度消散的现象，因此并不适合现代的神经网络模型使用。

除此之外，近年来涌现出大量新的激活函数模型，例如 Maxout、Tanh 和 ReLU 模型，这些都是为了解决传统的 sigmoid 模型在更深程度上的神经网络所产生的各种不良影响。

> **注 意**
> 具体的使用和影响会在后文的 TensorFlow 实战中进行介绍。

4.3.5 反馈神经网络原理的 Python 实现

本节将使用 Python 语言实现神经网络的反馈算法。为了简化起见，这里的神经网络被设置成 3 层，即只有一个输入层、一个隐藏层和最终的输出层。

（1）首先是辅助函数的确定：

```
def rand(a, b):
    return (b - a) * random.random() + a
def make_matrix(m,n,fill=0.0):
    mat = []
    for i in range(m):
        mat.append([fill] * n)
    return mat
def sigmoid(x):
    return 1.0 / (1.0 + math.exp(-x))
def sigmod_derivate(x):
    return x * (1 - x)
```

这里首先定义了随机值，使用 random 包中的 random 函数生成了一系列随机数，之后用 make_matrix 函数生成相对应的矩阵。sigmoid 和 sigmod_derivate 分别是激活函数和激活函数的导函数。这也是前文所定义的内容。

（2）进入 BP 神经网络类的正式定义，需要对数据进行内容的设定。

```
def __init__(self):
    self.input_n = 0
    self.hidden_n = 0
    self.output_n = 0
    self.input_cells = []
    self.hidden_cells = []
    self.output_cells = []
    self.input_weights = []
    self.output_weights = []
```

init 函数是数据内容的初始化，即在其中设置了输入层、隐藏层以及输出层中节点的个数；各个 cells 数据是各个层中节点的数值；weights 数据代表各个层的权重。

（3）setup 函数的作用是对 init 函数中设定的数据进行初始化。

```
def setup(self,ni,nh,no):
    self.input_n = ni + 1
    self.hidden_n = nh
    self.output_n = no
    self.input_cells = [1.0] * self.input_n
    self.hidden_cells = [1.0] * self.hidden_n
    self.output_cells = [1.0] * self.output_n
    self.input_weights = make_matrix(self.input_n,self.hidden_n)
    self.output_weights = make_matrix(self.hidden_n,self.output_n)
    # random activate
    for i in range(self.input_n):
```

```
        for h in range(self.hidden_n):
            self.input_weights[i][h] = rand(-0.2, 0.2)
    for h in range(self.hidden_n):
        for o in range(self.output_n):
            self.output_weights[h][o] = rand(-2.0, 2.0)
```

> **注 意**
>
> 输入层节点个数被设置成 ni+1,这是由于其中包含 bias 偏置数;各个节点与 1.0 相乘是初始化节点的数值;各个层的权重值根据输入层、隐藏层以及输出层中节点的个数被初始化并被赋值。

(4) 定义完各个层的数据后,进入正式的神经网络内容的定义。首先是对于神经网络前向的计算。

```
def predict(self,inputs):
    for i in range(self.input_n - 1):
        self.input_cells[i] = inputs[i]
    for j in range(self.hidden_n):
        total = 0.0
        for i in range(self.input_n):
            total += self.input_cells[i] * self.input_weights[i][j]
        self.hidden_cells[j] = sigmoid(total)
    for k in range(self.output_n):
        total = 0.0
        for j in range(self.hidden_n):
            total += self.hidden_cells[j] * self.output_weights[j][k]
        self.output_cells[k] = sigmoid(total)
    return self.output_cells[:]
```

在上述代码段中,先将数据输入到函数中,再通过隐藏层和输出层的计算以数组的形式输出。案例的完整代码如下所示。

【程序 4-3】

```
import numpy as np
import math
import random
def rand(a, b):
    return (b - a) * random.random() + a
def make_matrix(m,n,fill=0.0):
    mat = []
    for i in range(m):
        mat.append([fill] * n)
    return mat
def sigmoid(x):
```

```python
        return 1.0 / (1.0 + math.exp(-x))
def sigmod_derivate(x):
    return x * (1 - x)
class BPNeuralNetwork:
    def __init__(self):
        self.input_n = 0
        self.hidden_n = 0
        self.output_n = 0
        self.input_cells = []
        self.hidden_cells = []
        self.output_cells = []
        self.input_weights = []
        self.output_weights = []
    def setup(self,ni,nh,no):
        self.input_n = ni + 1
        self.hidden_n = nh
        self.output_n = no
        self.input_cells = [1.0] * self.input_n
        self.hidden_cells = [1.0] * self.hidden_n
        self.output_cells = [1.0] * self.output_n
        self.input_weights = make_matrix(self.input_n,self.hidden_n)
        self.output_weights = make_matrix(self.hidden_n,self.output_n)
        # random activate
        for i in range(self.input_n):
            for h in range(self.hidden_n):
                self.input_weights[i][h] = rand(-0.2, 0.2)
        for h in range(self.hidden_n):
            for o in range(self.output_n):
                self.output_weights[h][o] = rand(-2.0, 2.0)
    def predict(self,inputs):
        for i in range(self.input_n - 1):
            self.input_cells[i] = inputs[i]
        for j in range(self.hidden_n):
            total = 0.0
            for i in range(self.input_n):
                total += self.input_cells[i] * self.input_weights[i][j]
            self.hidden_cells[j] = sigmoid(total)
        for k in range(self.output_n):
            total = 0.0
            for j in range(self.hidden_n):
                total += self.hidden_cells[j] * self.output_weights[j][k]
            self.output_cells[k] = sigmoid(total)
        return self.output_cells[:]
```

```python
    def back_propagate(self,case,label,learn):
        self.predict(case)
        #计算输出层的误差
        output_deltas = [0.0] * self.output_n
        for k in range(self.output_n):
            error = label[k] - self.output_cells[k]
            output_deltas[k] = sigmod_derivate(self.output_cells[k]) * error
        #计算隐藏层的误差
        hidden_deltas = [0.0] * self.hidden_n
        for j in range(self.hidden_n):
            error = 0.0
            for k in range(self.output_n):
                error += output_deltas[k] * self.output_weights[j][k]
            hidden_deltas[j] = sigmod_derivate(self.hidden_cells[j]) * error
        #更新输出层权重
        for j in range(self.hidden_n):
            for k in range(self.output_n):
                self.output_weights[j][k] += learn * output_deltas[k] * self.hidden_cells[j]
        #更新隐藏层权重
        for i in range(self.input_n):
            for j in range(self.hidden_n):
                self.input_weights[i][j] += learn * hidden_deltas[j] * self.input_cells[i]
        error = 0
        for o in range(len(label)):
            error += 0.5 * (label[o] - self.output_cells[o]) ** 2
        return error
    def train(self,cases,labels,limit = 100,learn = 0.05):
        for i in range(limit):
            error = 0
            for i in range(len(cases)):
                label = labels[i]
                case = cases[i]
                error += self.back_propagate(case, label, learn)
        pass
    def test(self):
        cases = [
            [0, 0],
            [0, 1],
            [1, 0],
            [1, 1],
        ]
```

```
            labels = [[0], [1], [1], [0]]
            self.setup(2, 5, 1)
            self.train(cases, labels, 10000, 0.05)
            for case in cases:
                print(self.predict(case))
    if __name__ == '__main__':
        nn = BPNeuralNetwork()
        nn.test()
```

4.4 本章小结

本章是较为理论的部分，主要讲解 TensorFlow 2.0 的核心计算，即反向传播（BP）算法，虽然在编程中可能并不需要显式地使用反向传播或者框架自动完成了反向传播的计算,但是了解和掌握 TensorFlow 2.0 的反向传播算法能使得读者在编写程序的过程中事半功倍。

第 5 章 卷积层与MNIST实战

本章开始将进入本书的最重要部分，卷积神经网络的介绍。

卷积神经网络是从信号处理衍生过来的一种对数字信号处理的方式，发展到图像信号处理上演变成一种专门用来处理具有矩阵特征的网络结构处理方式。卷积神经网络在很多应用上都有独特的优势，甚至可以说是无可比拟的，例如音频的处理和图像处理。

本章将会介绍什么是卷积神经网络。卷积实际上是一种不太复杂的数学运算，是一种特殊的线性运算形式。之后会介绍"池化"这一概念——卷积神经网络中必不可少的操作。为了消除过拟合（Over-fitting），还会介绍 Dropout 这一常用的方法。这些概念是为了让卷积神经网络运行得更加高效的一些常用方法。

5.1 卷积运算

在数字图像处理中有一种最为基本的处理方法，即线性滤波。将待处理的二维数字看作一个大型矩阵，图像中的每个像素可以看成是矩阵中的每个元素，各个像素的大小就是矩阵中的各个元素的值。

使用的滤波工具是另一个小型矩阵，这个矩阵被称为卷积核。卷积核的大小是远远小于图像矩阵的，具体的计算方式就是对于图像大矩阵中的每个像素，计算其周围的像素和卷积核对应位置的乘积，之后将结果相加，最终得到的终值就是该像素的值，这样就完成了一次卷积。最简单的图像卷积方式如图 5.1 所示。

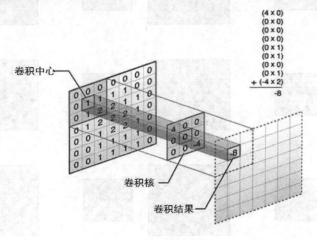

图 5.1 卷积运算

本节中将详细介绍卷积的运算和定义以及一些细节调整的介绍，这些都是卷积使用中必不可少的内容。

5.1.1 卷积运算的基本概念

前面已经说过了，卷积实际上是使用两个大小不同的矩阵进行的一种数学运算。为了便于读者理解，下面从一个例子开始。

假设需要对高速公路上的跑车进行位置追踪，这也是卷积神经网络图像处理一个非常重要的应用。摄像头接收的信号被计算为 $x(t)$，表示跑车在路上时刻 t 的位置。

往往实际上的处理没那么简单，因为在自然界中无时无刻不面临各种干扰以及摄像头传感器滞后等的问题。为了得到跑车位置的实时数据，采用的方法就是对测量结果进行均值化处理。对于运动中的目标，时间越久的位置越不可靠，而时间离计算时越短的位置则对真实值的相关性越高。因此可以对不同的时间段赋予不同的权重，即通过一个权值定义来计算。这个可以表示为：

$$s(t) = \int x(a)\omega(t-a)\mathrm{d}a$$

这种运算方式被称为卷积运算。换个符号表示为：

$$s(t) = (x * \omega)(t)$$

在卷积公式中，第一个参数 x 被称为"输入数据"，而第二个参数 ω 被称为"核函数"，$s(t)$ 是输出，即特征映射。

对于稀疏矩阵（见图 5.2）来说，卷积网络具有稀疏性，即卷积核的大小远远小于输入数据矩阵的大小。例如，当输入一个图片信息时，数据大小的数量级可能为上万，不过使用的卷积核只有几十，这样就能够在计算后获取更少的参数特征，极大地减少了后续的计算量。

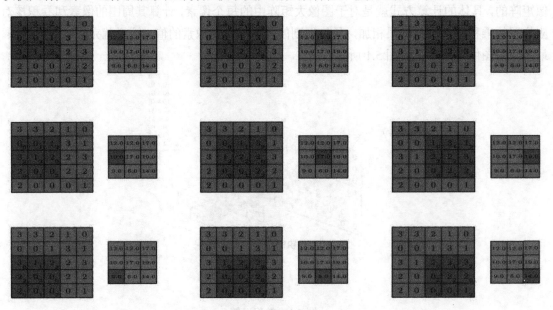

图 5.2 稀疏矩阵

参数共享指的是在特征提取过程中，一个模型在多个参数之中使用相同的参数。在传统的神经网络中，每个权重只对其连接的输入输出起作用，当连接的输入输出元素结束后就不会再用到了。参数共享指的是在卷积神经网络中核的每一个元素都被用在输入的每一个位置上，而在过程中只需学习一个参数集合就能把这个参数应用到所有的图片元素中。

【程序 5-1】

```
import struct
import matplotlib.pyplot as plt
import numpy as np
dateMat = np.ones((7,7))
kernel = np.array([[2,1,1],[3,0,1],[1,1,0]])
def convolve(dateMat,kernel):
    m,n = dateMat.shape
    km,kn = kernel.shape
    newMat = np.ones(((m - km + 1),(n - kn + 1)))
    tempMat = np.ones(((km),(kn)))
    for row in range(m - km + 1):
        for col in range(n - kn + 1):
            for m_k in range(km):
                for n_k in range(kn):
                    tempMat[m_k,n_k] = dateMat[(row + m_k),(col + n_k)] * kernel[m_k,n_k]
            newMat[row,col] = np.sum(tempMat)
    return newMat
```

程序 5-1 是使用 Python 语言实现的卷积操作，在这个程序中使用卷积核从左到右、由上到下进行卷积计算，最后将计算得到的新矩阵返回。

5.1.2 TensorFlow 2.0 中卷积函数的实现

前面章节中通过 Python 实现了卷积的计算，TensorFlow 为了框架计算的迅捷同样也使用了专门的函数作为卷积计算函数。这是搭建卷积神经网络最为核心的函数之一，非常重要。（卷积层的具体内容请读者参考相关资料自行学习，本书将不再对其进行讲解。）

```
class Conv2D(Conv):
  def __init__(self, filters, kernel_size, strides=(1, 1), padding='valid', data_format=None,
               dilation_rate=(1, 1), activation=None, use_bias=True,
               kernel_initializer='glorot_uniform', bias_initializer='zeros',
               kernel_regularizer=None, bias_regularizer=None, activity_regularizer=None,
               kernel_constraint=None, bias_constraint=None, **kwargs):
```

这里是 TensorFlow 2.0 的卷积层所自带的函数，其中最重要的有以下 5 种：

- filters：卷积核数目，卷积计算时折射使用的空间维度。
- kernel_size：卷积核大小，要求是一个 Tensor，具有 [filter_height, filter_width, in_channels, out_channels]这样的 shape，具体含义是[卷积核的高度，卷积核的宽度，图像通道数，卷积核个数]，要求类型与参数 input 相同。有一个地方需要注意，第三维 in_channels 就是参数 input 的第四维。
- strides：步进大小，卷积时在图像每一维的步长。这是一个一维的向量，第一维和第四维默认为 1，而第三维和第四维分别是水平和垂直方向滑行的步进长度。
- padding：补全方式，string 类型的量，只能是 "SAME" 和 "VALID" 其中之一。这个值决定了不同的卷积方式。
- activation：激活函数，一般使用 ReLU 作为激活函数。

【程序 5-2】

```
import tensorflow as tf
input = tf.Variable(tf.random.normal([1, 3, 3, 1]))
conv = tf.keras.layers.Conv2D(1,2)(input)
print(conv)
```

程序 5-2 展示了一个使用 TensorFlow 高级 API 进行卷积计算的例子，在这里随机生成了一个[3,3]大小的矩阵，之后使用一个大小为[2,2]的卷积核对其进行计算，该程序的运行结果如图 5.3 所示。

```
tf.Tensor(
[[[[ 0.43207052]
   [ 0.4494554 ]]

  [[-1.5294989 ]
   [ 0.9994287 ]]]], shape=(1, 2, 2, 1), dtype=float32)
```

图 5.3　程序 5-2 的运行结果

可以看到，卷积对生成的随机数据进行计算，重新生成了一个[1,2,2,1]大小的卷积结果。这是由于用卷积处理时边缘消失了，因此生成的结果小于原有的图像。

若想使生成的卷积结果和原输入矩阵的大小一致，则要将参数 padding 的值设为'VALID'，当 padding 设为'SAME'时，表示图像边缘将由一圈 0 补齐，使得卷积后的图像大小和输入大小一致。

```
00000000000
0xxxxxxxxx0
0xxxxxxxxx0
0xxxxxxxxx0
00000000000
```

这里 x 是图片的矩阵信息，外面一圈是补齐的 0，而 0 的作用在卷积处理时对最终结果没有任何影响。这里略微对程序 5-2 进行修改，得到程序 5-3。

【程序 5-3】

```
import tensorflow as tf
input = tf.Variable(tf.random.normal([1, 5, 5, 1]))          #输入图像的大小
conv = tf.keras.layers.Conv2D(1,2,padding="SAME")(input)     #卷积核大小
print(conv .shape)
```

这里只打印卷积计算的维度大小，结果如下：

(1, 5, 5, 1)

得到了一个[1,5,5,1]大小的结果，这是由于在补全方式上笔者采用了 SAME 的模式对其进行处理。

下面再换一个参数，在前面 2 个范例程序中，stride 的大小使用的是默认值[1,1]，此时如果把 stride 替换成[2,2]，即步进大小设置成 2，代码如下：

【程序 5-4】

```
import tensorflow as tf
input = tf.Variable(tf.random.normal([1, 5, 5, 1]))
conv = tf.keras.layers.Conv2D(1,2,strides=[2,2],padding="SAME")(input)
#strides 的大小被替换
print(conv.shape)
```

程序运行的结果如下：

(1, 3, 3, 1)

可以看到，此时即使是采用 padding="SAME"模式进行补全（也可称为填充），那么生成的结果也不再是原输入的大小，而是维度有了变化。

最后总结一下经过卷积计算后结果图像的大小变化公式：

$$N = (W - F + 2P)/S + 1$$

- 输入图片大小 $W \times W$。
- Filter 大小 $F \times F$。
- 步长 S。
- padding 的像素数 P，一般情况下 $P=1$。

读者可以自行验证。

5.1.3 池化运算

在通过卷积获得了特征（Feature）之后，下一步希望利用这些特征去进行分类。理论上讲，

人们可以用所有提取得到的特征去训练分类器，例如 softmax 分类器，但是这样做面临计算量的挑战。例如，对于一个 96×96 像素的图像，假设已经学习得到了 400 个定义在 8×8 输入上的特征，每一个特征和图像卷积都会得到一个（96−8+1）×（96−8+1）=7921 维的卷积特征，由于有 400 个特征，所以每个样例（Example）都会得到一个 892×400=3168400 维的卷积特征向量。学习一个拥有三百多万特征输入的分类器十分不便，并且容易出现过拟合（Over-fitting，或称为过度拟合）。

这个问题的产生是因为卷积后的特征，是因为图像具有一种"静态性"的属性，也就意味着在一个图像区域有用的特征极有可能在另一个区域同样适用。因此，为了描述大的图像，一个很自然的想法就是对不同位置的特征进行聚合统计。

例如，特征提取可以计算图像一个区域上的某个特定特征的平均值（或最大值）。这些概要统计特征不仅具有低得多的维度（相比使用所有提取得到的特征），同时还会改善结果（不容易过拟合）。这种聚合的操作叫作池化（Pooling），有时也称为平均池化或者最大池化（取决于计算池化的方法）。

如果选择图像中的连续范围作为池化区域，并且只是池化相同（重复）的隐藏单元产生的特征，那么这些池化单元就具有平移不变性（Translation Invariant）。这就意味着即使图像经历了一个小的平移之后，依然会产生相同的（池化的）特征。在很多任务中（例如物体检测、声音识别），我们都更希望得到具有平移不变性的特征，因为即使图像经过了平移，样例（图像）的标记仍然保持不变。

TensorFlow 中池化运算的函数如下：

```
class MaxPool2D (Pooling2D):
def __init__(self, pool_size=(2, 2), strides=None,
             padding='valid', data_format=None, **kwargs):
```

重要的参数如下：

- pool_size: 池化窗口的大小，默认大小一般是[2, 2]。
- strides: 和卷积类似，表示窗口在每一个维度上滑动的步长，默认大小一般是[2,2]。
- padding: 和卷积类似，可以取"VALID" 或者"SAME"，返回一个 Tensor，类型不变，shape 仍然是[batch, height, width, channels]这种形式。

池化一个非常重要的作用就是能够帮助输入的数据表示近似不变性。平移不变性指的是对输入的数据进行少量平移时，经过池化后的输出结果并不会发生改变。局部平移不变性是一个很有用的性质，尤其是当关心某个特征是否出现而不关心它出现的具体位置时。

例如，当判定一张图像中是否包含人脸时，并不需要判定眼睛的位置，只需要知道有一只眼睛出现在脸部的左侧、另外一只眼睛出现在右侧即可。

5.1.4 softmax 激活函数

softmax 函数在前面已经做过介绍，并且笔者使用 NumPy 实现了自定义的 softmax 函数及其功能。softmax 是一个对概率进行计算的模型，因为在真实的计算模型系统中对一个实物的判定并不是 100%，只是有一定的概率。并且在所有的结果标注上，都可以求出一个概率。

$$f(x) = \sum_{i}^{j} w_{ij} x_j + b$$

$$softmax = \frac{e^{x_t}}{\sum_{0}^{j} e^{x_j}}$$

$$y = softmax(f(x)) = softmax(w_{ij} x_j + b)$$

其中，第一个公式是人为定义的训练模型，这里采用的是输入数据与权重的乘积之和再加上一个偏置 b 的方式。偏置 b 存在的意义是为了加上一定的噪声。

对于求出的 $f(x) = \sum_{i}^{j} w_{ij} x_j + b$，softmax 的作用就是将其转化成概率。换句话说，这里的 softmax 可以被看作是一个激励函数，将计算模型的输出转换为在一定范围内的数值，并且在总体内使得这些数值的和为 1，而每个单独的数据结果都是特定的。

用更为正式的语言表述就是，softmax 是模型函数定义的一种形式：把输入值当成幂指数求值，再正则化这些结果值。这个幂运算表示更大的概率计算结果对应假设模型中更大的乘数权重值（即乘数系数）。反之，拥有更小的概率计算结果意味着在假设模型中拥有更小的乘数系数。

假设模型中的权值不可以是 0 值或者负值，softmax 会正则化这些权重值，使它们的总和等于 1，以此构造一个有效的概率分布。

对于最终的公式 $y = softmax(f(x)) = softmax(w_{ij} x_j + b)$，可以表示成如图 5.4 所示的形式。

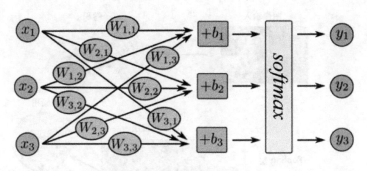

图 5.4　softmax 计算形式

图 5.4 演示了 softmax 的计算公式，实际上就是输入的数据与权重相乘，再对乘积进行 softmax 计算。如果将其用数学方法表示出来，则如图 5.5 所示。

$$\begin{bmatrix} y_1 \\ y_2 \\ y_3 \end{bmatrix} = softmax \left(\begin{bmatrix} W_{1,1} & W_{1,2} & W_{1,3} \\ W_{2,1} & W_{2,2} & W_{2,3} \\ W_{3,1} & W_{3,2} & W_{3,3} \end{bmatrix} \cdot \begin{bmatrix} x_1 \\ x_2 \\ x_3 \end{bmatrix} + \begin{bmatrix} b_1 \\ b_2 \\ b_3 \end{bmatrix} \right)$$

图 5.5　softmax 矩阵表示

将这个计算过程用矩阵的形式表示出来，就是矩阵的乘法和向量的加法，这样就有便于使用 TensorFlow 内置的数学公式进行计算，故而可以极大地提高程序执行的效率。

5.1.5　卷积神经网络原理

前面介绍了卷积运算的基本原理和概念，从本质上来说卷积神经网络就是将图像处理中的二维离散卷积运算和神经网络相结合。这种卷积运算可以用于自动提取特征，而卷积神经网络也主要应用于二维图像的识别。下面笔者将采用图示的方法更加直观地介绍卷积神经网络的工作原理。

假设有一个卷积神经网络包含一个输入层、一个卷积层和一个输出层，但是在真正使用时一般会使用多层，使用卷积神经网络不断地去提取特征，特征越抽象，越有利于识别（分类），而且通常卷积神经网络也包含池化层、全连接层，最后接输出层。

图 5.6 展示了一幅图片进行卷积神经网络处理的过程，主要包括 4 个步骤：

- 图像输入：获取输入的数据图像。
- 卷积：对图像特征进行提取。
- Pooling 层（池化层）：用于缩小在卷积时获取的图像特征。
- 全连接层：用于对图像进行分类。

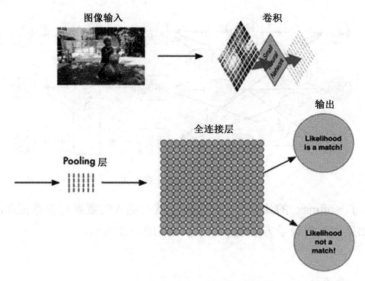

图 5.6　卷积神经网络处理图像的步骤

这几个步骤依次进行，分别具有不同的作用。经过卷积层的图像被分块提取特征后获得分块同样大小的图片，如图 5.7 所示。

图 5.7　卷积处理的分块图片

可以看到，经过卷积处理后的图像被分为若干个大小相同的只具有局部特征的小图片。图 5.8 则对分块后的图片使用一个小型神经网络进行更进一步的处理，即将二维矩阵转化成一维数组。

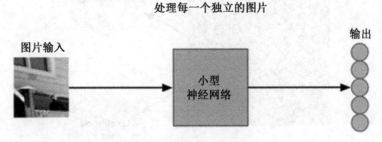

图 5.8　图像分块后的图片处理

需要说明的是，在这个步骤，也就是对图片进行卷积化处理时，卷积算法对图像所有分块的局部特征进行同样的计算，这个步骤称为"权值共享"。这样做的依据是：

- 对存储图像数据的数组来说，局部数组的值经常是高度相关的，可以形成容易被探测到的独特的局部特征。
- 图像的局部统计特征与其位置是不太相关的，如果特征图能在图片的一个部分出现，就能出现在任何地方。所以不同位置的单元共享同样的权重，并在数组的不同部分探测相同的模式。

数学上，这种由一个特征图执行的过滤操作是一个离散的卷积，卷积神经网络由此得名。池化层的作用是对获取的图像特征进行缩减，从前面的例子中可以看到，使用[2,2]大小的矩阵来处理特征矩阵，使得原有的特征矩阵可以缩减到 1/4 大小，特征提取的池化效应如图 5.9 所示。

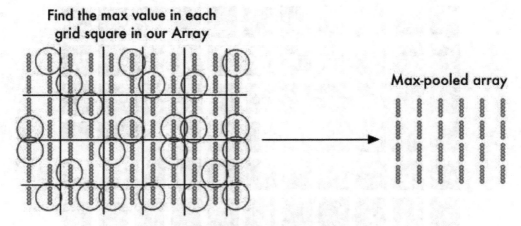

图 5.9　池化处理后的图像

经过池化处理的图像矩阵被作为神经网络的数据输入。这是一个全连接层，对所有的数据进行分类处理（见图 5.10），并且计算这个图像所求的所属位置概率最大值。

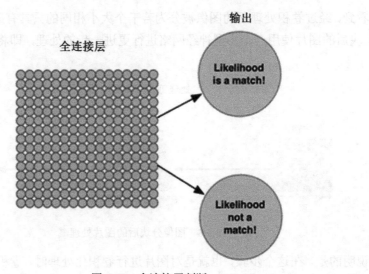

图 5.10　全连接层判断

卷积神经网络是一个层级递增的结构，如果采用较为通俗的语言来概括，也可以将其认为是一个人在读报纸，首先一字一句地读取，之后整段地理解，最后获得全文的中心思想。卷积神经网络也是从边缘、结构和位置等一起感知物体的形状。

5.2 TensorFlow 2.0 编程实战：MNIST 手写体识别

下面笔者将带领读者使用卷积神经网络通过一个范例进行"实战"，即使用 TensorFlow 识别 MNIST 数据集中的手写体。

5.2.1 MNIST 数据集

"HelloWorld"几乎是任何一种编程语言的入门基础程序，一般在真正开始入门学习一门编程语言时碰到的第一个范例程序往往就是"HelloWorld"。在前面的章节中笔者也带领读者学习和掌握了 TensorFlow 打印出的第一个程序"HelloWorld"。

然而，在深度学习中也有其特有的"HelloWorld"，即 MNIST 手写体的识别。相对于上一章单纯地从数据文件中读取并加以训练的模型，MNIST 是一个图片数据集，其分类更多、难度也更大。

对于好奇的读者来说，一定有一个疑问，MNIST 究竟是什么？

实际上 MNIST 是一个手写数字数据库，它有 60000 个训练样本集和 10000 个测试样本集。打开 MNIST 数据集来看，就是图 5.11 所示的样子。

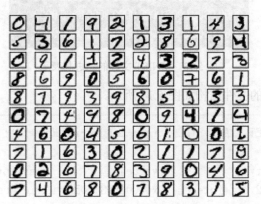

图 5.11 MNIST 文件手写体

它是 MNIST 数据库的一个子集。MNIST 数据库官方网址为：

```
http://yann.lecun.com/exdb/mnist/
```

也可以在 Windows 中直接下载 train-images-idx3-ubyte.gz、train-labels-idx1-ubyte.gz 等，如图 5.12 所示。

```
Four files are available on this site:

train-images-idx3-ubyte.gz:  training set images (9912422 bytes)
train-labels-idx1-ubyte.gz:  training set labels (28881 bytes)
t10k-images-idx3-ubyte.gz:   test set images (1648877 bytes)
t10k-labels-idx1-ubyte.gz:   test set labels (4542 bytes)
```

图 5.12　MNIST 文件中包含的数据集

下载并解压缩这 4 个文件。解压缩后会发现这 4 个文件并不是标准的图像格式文件，而是：一个训练图片集、一个训练标注集、一个测试图片集和一个测试标注集。可以看出这些文件本身也不是一个普通的文本文件或者图像文件，而是一个压缩文件。下载并解压出来，看到的是二进制文件，其中训练图片集文件的内容部分如图 5.13 所示。

```
0000 0803 0000 ea60 0000 001c 0000 001c
0000 0000 0000 0000 0000 0000 0000 0000
0000 0000 0000 0000 0000 0000 0000 0000
0000 0000 0000 0000 0000 0000 0000 0000
0000 0000 0000 0000 0000 0000 0000 0000
0000 0000 0000 0000 0000 0000 0000 0000
0000 0000 0000 0000 0000 0000 0000 0000
0000 0000 0000 0000 0000 0000 0000 0000
0000 0000 0000 0000 0000 0000 0000 0000
0000 0000 0000 0000 0000 0000 0000 0000
0000 0000 0000 0000 0000 0000 0000 0000
0000 0000 0000 0000 0000 0000 0000 0000
```

图 5.13　MNIST 文件的二进制表示

MNIST 训练集内部的文件结构如图 5.14 所示。

```
TRAINING SET IMAGE FILE (train-images-idx3-ubyte):

[offset] [type]          [value]           [description]
0000     32 bit integer  0x00000803(2051)  magic number
0004     32 bit integer  60000             number of images
0008     32 bit integer  28                number of rows
0012     32 bit integer  28                number of columns
0016     unsigned byte   ??                pixel
0017     unsigned byte   ??                pixel
........
xxxx     unsigned byte   ??                pixel
```

图 5.14　MNIST 文件结构图

图 5.14 是训练集的文件结构，其中有 60000 个实例。也就是说这个文件里面包含了 60000

个标注内容，每一个标注的值为 0 到 9 之间的一个数。这里笔者先解析每一个属性的含义，首先该数据是以二进制存储的，我们读取的时候要以'rb'方式进行读取；其次，真正的数据只有[value]这一项，其他的[type]等只是用来描述的，并不真正在数据文件里面。

也就是说，在读取真实数据之前，要读取 4 个 32 位的整型数据。由[offset]可以看出真正的像素（Pixel）是从位置 0016 开始的，是一个整型 32 位，所以在读取像素之前要读取 4 个 32 位的整型数据，也就是 magic number、number of images、number of rows、number of columns。

继续对图片进行分析，在 MNIST 图片集中所有的图片都是 28×28 的，也就是每个图片都有 28×28 个像素。在图 5.15 中，train-images-idx3-ubyte 文件中偏移量为 0 字节的地方有一个 4 字节的数 0000 0803，它表示魔数；接下来是 0000 ea60，值为 60000 代表容量；接下来从 8 字节开始有一个 4 字节数，值为 28 也就是 0000 001c，表示每个图片的行数；从 12 字节开始有一个 4 字节数，值也为 28，也就是 0000 001c，表示每个图片的列数；从 16 字节开始是像素值。

这里用 784 个字节代表一幅图片。

图 5.15　每个手写体被分成 28×28 个像素

5.2.2　MNIST 数据集特征和标注

前面通过一个简单的 iris 数据集的例子实现了对 3 个类别的分类问题。现在加大难度，尝试使用 TensorFlow 去预测 10 个分类。实际上难度并不大，如果读者对前面的 3 个分类的程序已经掌握，那么这个便不在话下。

首先对于数据库的获取，读者可以通过前面的地址下载正式的 MNIST 数据集，然而在 TensorFlow 2.0 中，集成的 Keras 高级 API 带有已经处理成 npy 格式的 MNIST 数据集，可以将其载入并进行计算。

```
mnist = tf.keras.datasets.mnist
(x_train, y_train), (x_test, y_test) = mnist.load_data()
```

这里 Keras 能够自动连接互联网并下载所需的 MNIST 数据集，最终下载的是 npz 格式的数据集 mnist.npz。

如果读者无法连接到互联网下载数据，本书自带的代码库中也同样提供了对应的 MNIST.npz 数据的副本，只需要将其复制到目标位置，之后在 load_data 函数中提供绝对地址即可。代码如下：

```
(x_train, y_train), (x_test, y_test) = mnist.load_data(path='C:/Users/
wang_xiaohua/Desktop/TF2.0/dataset/mnist.npz')
```

需要注意的是，这里输入的是数据集的绝对地址。Load_data 函数会根据输入的地址对数据进行处理，并自动分解成训练集和验证集。打印训练集的维度如下：

```
(60000, 28, 28)
(60000,)
```

这是使用 Keras 自带的 API 进行数据处理的第一个步骤，有兴趣的读者可以自行完成数据的读取和切分的代码。

上面的代码段中 input_data 函数可以按既定的格式被读取出来。正如 iris 数据库一样，每个 MNIST 实例数据单元也是由两部分构成的，一张包含手写数字的图片和一个与其相对应的标签。可以将其中的标签特征设置成"y"，而图片特征矩阵以"x"来代替，所有的训练集和测试集中都包含 x 和 y。

图 5.16 用更为一般化的形式解释了 MNIST 数据实例的展开形式。在这里，图片数据被展开成矩阵的形式，矩阵的大小为 28×28。至于如何处理这个矩阵，一般常用的方法是将其展开，而展开的方式和顺序并不重要，只需要按同样的方式展开即可。

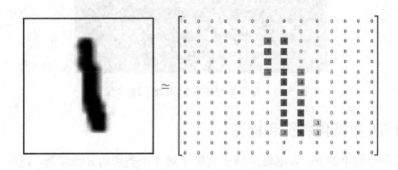

图 5.16　图片转换为向量模式

下面回到对数据的读取，前面已经介绍了，MNIST 数据集实际上就是一个包含着 60000 张图片的 60000×28×28 大小的矩阵张量[60000,28,28]，如图 5.17 所示。

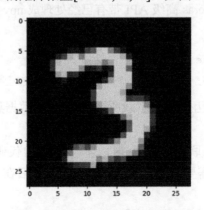

图 5.17　MNIST 数据集的矩阵表示

矩阵中行数指的是图片的索引，用以对图片进行提取。后面的 28×28 个向量用以对图片进行特征标注。更进一步地说明，这些特征向量实际上就是图片中的像素点，每张手写图片是[28,28]的大小，将每个像素转化为 0~1 之间的一个浮点数，并共同构成一个矩阵。

每个实例的标签对应于 0~9 之间的任意一个数字，用以对图片进行标注。另外需要读者注意的是，对于提取出的 MNIST 特征值，默认使用一个 0~9 之间的数值进行标注，但是这种标注方法并不能使得损失函数计算结果更好，因此常用的是 one_hot（独热编码）计算方法，也就是把值落在某个标注区间内。

one_hot 的标注方法请读者自行学习掌握。这里笔者主要介绍将单一序列转化成 one_hot 的方法。一般情况下 TensorFlow 也自带了转化函数，即 tf.one_hot 函数，但是这个转化生成的是 Tensor 格式的数据，因此并不适合直接输入。

如果读者能够自行编写将序列值转化成 one_hot 的函数，那么笔者会非常肯定你的编程功底，但是 Keras 同样提供了已经编写好的转换函数：

```
tf.keras.utils.to_categorical
```

它的作用是将一个序列转化成以 one_hot 形式表示的数据集，格式如图 5.18 所示。

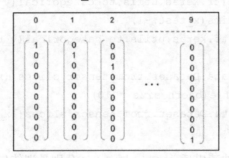

图 5.18 one-hot 数据集

对于 MNIST 数据集的标签来说，实际上就是一个 60000 张图片的 60000×10 大小的矩阵张量[60000,10]。前面的行数指的是数据集中图片的个数为 60000 个，后面的 10 是 10 个列向量。

5.2.3 TensorFlow 2.0 编程实战：MNIST 数据集

在上一节中，笔者对 MNIST 数据做了介绍，描述了它的构成方式以及其中数据的特征和标注的记录表示等。了解这些，有助于编写适当的程序来对 MNIST 数据集进行分析和识别。本节将开始一步步地分析和编写代码对数据集进行处理。

1. 第一步：数据的获取

对于 MNIST 数据的获取实际上有很多渠道，读者可以使用 TensorFlow 2.0 自带的数据获取方式对 MNIST 数据集进行下载和处理，代码如下：

```
mnist = tf.keras.datasets.mnist
(x_train, y_train), (x_test, y_test) = mnist.load_data()
(
x_train, y_train), (x_test, y_test)        #下载MNIST.npy文件要注明绝对地址
```

```
    = mnist.load_data(path='C:/Users/wang_xiaohua/Desktop/TF2.0/dataset/mnist.npz')
```

实际上，对于 TensorFlow 2.0 来说，更多的是采用 API 和一些数据集的收集和整理，使得模型的编写和验证能够给予最大限度的方便。

不过读者可能会有一个疑问，对于已经提供好的 API 的编写和能够个人实现的 API 的编写，选择哪个呢？

选择写好的自带的 API，除非能肯定自带的 API 不适合所编写的代码。因为实际上大多数编写好的 API 在底层都会做一定的优化，调用不同的库包去最大效率地实现功能，因此即使看起来功能一样，但是在内部还是有所不同。同时也请读者牢记"不要重复发明轮子"。

2. 第二步：数据的处理

数据的处理可以参考 iris 数据的处理方式进行，即首先将标注（label）进行 one-hot 处理，之后使用 TensorFlow 2.0 自带的 data API 进行打包，方便地组合成训练与标注的配对数据集。

```
    x_train = tf.expand_dims(x_train,-1)
    y_train = np.float32(tf.keras.utils.to_categorical(y_train,num_classes=10))
    x_test = tf.expand_dims(x_test,-1)
    y_test = np.float32(tf.keras.utils.to_categorical(y_test,num_classes=10))
    bacth_size = 512
    train_dataset = tf.data.Dataset.from_tensor_slices((x_train,y_train))
.batch(bacth_size).shuffle(bacth_size * 10)
    test_dataset = tf.data.Dataset.from_tensor_slices((x_test,y_test))
.batch(bacth_size)
```

需要注意的是，在数据被读出后，x_train 与 x_test 分别是训练集与测试集的数据特征部分，它们是两个维度为[x,28,28]大小的矩阵，但是在 4.1 节中介绍卷积计算时，卷积的输入是一个 4 维的数据，还需要一个"通道"的标注，因此对它们调用 tf 的扩展函数，修改了维度的表示方式。

3. 第三步：模型的确定与各模块的编写

对于使用深度学习构建一个分类 MNIST 的模型，最简单、最常用的是建立一个基于卷积神经网络+分类层的模型，解构如图 5.19 所示。

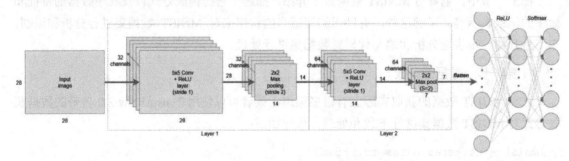

图 5.19 基于卷积神经网络+分类层的模型

从图 5.19 可以看到，一个简单的卷积神经网络模型是由卷积层、池化层、Dropout 层以及作为分类的全连接层构成的,同时每一层之间使用 ReLU 激活函数进行分割,而 batch_normalization 作为正则化的工具也被用于各个层之间的连接。

模型代码如下:

```
input_xs = tf.keras.Input([28,28,1])
conv = tf.keras.layers.Conv2D(32,3,padding="SAME",activation=tf.nn.relu)(input_xs)
conv = tf.keras.layers.BatchNormalization()(conv)
conv = tf.keras.layers.Conv2D(64,3,padding="SAME",activation=tf.nn.relu)(conv)
conv = tf.keras.layers.MaxPool2D(strides=[1,1])(conv)
conv = tf.keras.layers.Conv2D(128,3,padding="SAME",activation=tf.nn.relu)(conv)
flat = tf.keras.layers.Flatten()(conv)
dense = tf.keras.layers.Dense(512, activation=tf.nn.relu)(flat)
logits = tf.keras.layers.Dense(10, activation=tf.nn.softmax)(dense)
model = tf.keras.Model(inputs=input_xs, outputs=logits)
print(model.summary())
```

下面分步进行解释。

(1) 输入的初始化

输入的初始化使用的是 Input 类,这里根据输入的数据大小将输入的数据维度设置成 [28,28,1],其中的 batch_size 不需要设置,TensorFlow 2.0 会在后台自行推断。

```
input_xs = tf.keras.Input([28,28,1])
```

(2) 卷积层

TensorFlow 2.0 中自带了卷积层实现类对卷积的计算。这里首先创建了一个类,通过设定卷积核数据、卷积核大小、padding 补全方式和激活函数初始化整个卷积类。

```
conv = tf.keras.layers.Conv2D(32,3,padding="SAME",activation=tf.nn.relu)(input_xs)
```

TensorFlow 2.0 中卷积层的定义在绝大多数情况下直接调用给定实现好的卷积类即可。顺便说一句,卷积核大小等于 3 的话,TensorFlow 2.0 中专门给予了优化。原因在下一章会揭晓,现在读者只需要牢记卷积类的初始化和卷积层的使用即可。

(3) Batch_normalization 和 maxpool 层

Batch_normalization 和 maxpool 层的目的是使得输入数据正则化,最大限度地减少模型的过拟合和增大模型的泛化能力。对于 Batch_normalization 和 maxpool 的实现,读者自行参考模型代码的写法和实现。有兴趣的读者也可以更深一步地学习相关的理论内容,本书就不再过多介绍。

```
conv = tf.keras.layers.BatchNormalization()(conv)
…
conv = tf.keras.layers.MaxPool2D(strides=[1,1])(conv)
```

(4) 起分类作用的全连接层

全连接层的作用是对卷积层所提取的特征进行最终分类,在这里笔者首先调用 flat 函数将提取计算后的特征值平整化，之后的 2 个全连接层起到特征提取和分类的作用，共同对最终结果进行分类。

```
dense = tf.keras.layers.Dense(512, activation=tf.nn.relu)(flat)
logits = tf.keras.layers.Dense(10, activation=tf.nn.softmax)(dense)
```

最后，调用 TensorFlow 的概述函数可以将模型所涉及的各个层级的基本参数都打印出来，如图 5.20 所示。

```
Model: "model"

Layer (type)                 Output Shape              Param #
=================================================================
input_1 (InputLayer)         [(None, 28, 28, 1)]       0
conv2d (Conv2D)              (None, 28, 28, 32)        320
batch_normalization (BatchNo (None, 28, 28, 32)        128
conv2d_1 (Conv2D)            (None, 28, 28, 64)        18496
max_pooling2d (MaxPooling2D) (None, 27, 27, 64)        0
conv2d_2 (Conv2D)            (None, 27, 27, 128)       73856
flatten (Flatten)            (None, 93312)             0
dense (Dense)                (None, 512)               47776256
dense_1 (Dense)              (None, 10)                5130
=================================================================
Total params: 47,874,186
Trainable params: 47,874,122
Non-trainable params: 64
```

图 5.20　打印出各个层级的基本参数

可以看到，依次计算了各个层级，并且所用的参数也被打印出来了。

【程序 5-5】

```
import numpy as np
# 下面使用 MNIST 数据集
import tensorflow as tf
mnist = tf.keras.datasets.mnist
#这里先调用上面的函数然后下载数据包，下面要填上绝对路径
(x_train, y_train), (x_test, y_test) = mnist.load_data(path='C:/Users/wang_xiaohua/Desktop/TF2.0写的书/TF2.0/dataset/mnist.npz')
x_train, x_test = x_train / 255.0, x_test / 255.0
x_train = tf.expand_dims(x_train,-1)
y_train = np.float32(tf.keras.utils.to_categorical(y_train,num_classes=10))
x_test = tf.expand_dims(x_test,-1)
y_test = np.float32(tf.keras.utils.to_categorical(y_test,num_classes=10))
#这里为了 shuffle 数据，单独定义了每个 batch 的大小 batch_size，与下方的 shuffle 对应
batch_size = 512
train_dataset = tf.data.Dataset.from_tensor_slices((x_train,y_train)).batch(bacth_size).shuffl
```

```
e(bacth_size * 10)
    test_dataset = tf.data.Dataset.from_tensor_slices((x_test,y_test))
.batch(bacth_size)
    input_xs = tf.keras.Input([28,28,1])
    conv = tf.keras.layers.Conv2D(32,3,padding="SAME",activation=
tf.nn.relu)(input_xs)
    conv = tf.keras.layers.BatchNormalization()(conv)
    conv = tf.keras.layers.Conv2D(64,3,padding="SAME",activation=
tf.nn.relu)(conv)
    conv = tf.keras.layers.MaxPool2D(strides=[1,1])(conv)
    conv = tf.keras.layers.Conv2D(128,3,padding="SAME",activation=
tf.nn.relu)(conv)
    flat = tf.keras.layers.Flatten()(conv)
    dense = tf.keras.layers.Dense(512, activation=tf.nn.relu)(flat)
    logits = tf.keras.layers.Dense(10, activation=tf.nn.softmax)(dense)
    model = tf.keras.Model(inputs=input_xs, outputs=logits)

    model.compile(optimizer=tf.optimizers.Adam(1e-3),
loss=tf.losses.categorical_crossentropy,metrics = ['accuracy'])
    model.fit(train_dataset, epochs=10)
    model.save("./saver/model.h5")
    score = model.evaluate(test_dataset)
    print("last score:",score)
```

该程序的运行结果如图 5.21 所示。

```
 1/20 [>.............................] - ETA: 2s - loss: 0.0461 - accuracy: 0.9844
 3/20 [===>..........................] - ETA: 1s - loss: 0.0815 - accuracy: 0.9805
 5/20 [======>.......................] - ETA: 0s - loss: 0.0901 - accuracy: 0.9805
 7/20 [=========>....................] - ETA: 0s - loss: 0.0918 - accuracy: 0.9807
 9/20 [============>.................] - ETA: 0s - loss: 0.0833 - accuracy: 0.9816
11/20 [===============>..............] - ETA: 0s - loss: 0.0765 - accuracy: 0.9828
13/20 [==================>...........] - ETA: 0s - loss: 0.0691 - accuracy: 0.9841
15/20 [=====================>........] - ETA: 0s - loss: 0.0604 - accuracy: 0.9859
17/20 [========================>.....] - ETA: 0s - loss: 0.0539 - accuracy: 0.9874
19/20 [===========================>..] - ETA: 0s - loss: 0.0510 - accuracy: 0.9881
20/20 [==============================] - 1s 47ms/step - loss: 0.0512 - accuracy: 0.9879
last score: [0.05122726424597036, 0.9879]
```

图 5.21　程序 5-5 的运行结果

可以看到，经过模型的训练，在测试集上最终的准确率达到 0.98，即 98%以上，而损失率在 0.05 以下。

5.2.4　使用自定义的卷积层实现 MNIST 识别

基于已有的卷积层已经能够较好地达到目标，使得准确率在 0.98 以上。这是一个非常不错的准确率，但是为了更高的准确率，是否有别的方法能够在其基础上更进一步地提高呢？

一个非常简单的思想就是建立 short-cut（称为“捷径”或“直连”），即建立数据直连通路，使得输入的数据和经过卷积计算后的数据连接在一起，从而忽略卷积层中对某些特定小细节的忽略，模型如图 5.22 所示。

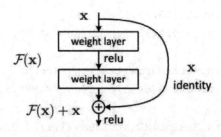

图 5.22 残差网络

这是一个"残差网络"的部分示意图，也即是将输入的数据经过卷积层计算后与输入数据直接相连，从而建立一个能够保留更多细节内容的卷积结构。

遵循计算 iris 数据集的自定义层级的方法，在继承 Layers 层后，TensorFlow 2.0 自定义的一个层级需要实现 3 个函数：init、build 和 call 函数。

1. 第一步：初始化参数

init 的作用是初始化所有的参数，根据需要设定层中的参数。通过对模型的分析可知，目前需要定义的参数为卷积核数目和卷积核大小。

```
class MyLayer(tf.keras.layers.Layer):
    def __init__(self,kernel_size ,filter):
        self.filter = filter
        self.kernel_size = kernel_size
        super(MyLayer, self).__init__()
```

2. 第二步：定义可变参数

对于模型中参数的定义，需要在 build 中进行。这里是对所有可变参数进行定义，代码如下：

```
def build(self, input_shape):
    self.weight = tf.Variable(tf.random.normal([self.kernel_size,self.kernel_size,input_shape[-1],self.filter]))
    self.bias = tf.Variable(tf.random.normal([self.filter]))
    super(MyLayer, self).build(input_shape)  # Be sure to call this somewhere!
```

3. 第三步：模型的计算

模型的计算是定义在 call 函数中的，对于残差网络的简单表示如下：

$$conv = conv(input)$$
$$out = relu(conv) + input$$

这里分段实现结果，把卷积计算后的函数结果经过激活函数后再叠加到输入值作为输出。代码如下：

```python
    def call(self, input_tensor):
        conv = tf.nn.conv2d(input_tensor, self.weight, strides=[1, 2, 2, 1], padding='SAME')
        conv = tf.nn.bias_add(conv, self.bias)
        out = tf.nn.relu(conv) + conv
        return out
```

全部的代码段如下：

```python
class MyLayer(tf.keras.layers.Layer):
    def __init__(self,kernel_size ,filter):
        self.filter = filter
        self.kernel_size = kernel_size
        super(MyLayer, self).__init__()
    def build(self, input_shape):
        self.weight = tf.Variable(tf.random.normal([self.kernel_size,self.kernel_size,input_shape[-1],self.filter]))
        self.bias = tf.Variable(tf.random.normal([self.filter]))
        super(MyLayer, self).build(input_shape)  # Be sure to call this somewhere!
    def call(self, input_tensor):
        conv = tf.nn.conv2d(input_tensor, self.weight, strides=[1, 2, 2, 1], padding='SAME')
        conv = tf.nn.bias_add(conv, self.bias)
        out = tf.nn.relu(conv) + conv
        return out
```

下面将自定义的卷积层替换为对应的卷积层。

【程序5-6】

```python
# 下面使用MNIST数据集
import tensorflow as tf
mnist = tf.keras.datasets.mnist
#这里先调用上面的函数然后下载数据包，下面要填上绝对路径
(x_train, y_train), (x_test, y_test) = mnist.load_data(path='C:/Users/wang_xiaohua/Desktop/TF2.0写的书/TF2.0/dataset/mnist.npz')
x_train, x_test = x_train / 255.0, x_test / 255.0
x_train = tf.expand_dims(x_train,-1)
y_train = np.float32(tf.keras.utils.to_categorical(y_train,num_classes=10))
x_test = tf.expand_dims(x_test,-1)
y_test = np.float32(tf.keras.utils.to_categorical(y_test,num_classes=10))
batch_size = 512
train_dataset = tf.data.Dataset.from_tensor_slices((x_train,y_train)).batch(batch_size).shuffle(batch_size * 10)
```

```python
    test_dataset = tf.data.Dataset.from_tensor_slices((x_test,y_test)).batch(batch_size)

    class MyLayer(tf.keras.layers.Layer):
        def __init__(self,kernel_size ,filter):
            self.filter = filter
            self.kernel_size = kernel_size
            super(MyLayer, self).__init__()
        def build(self, input_shape):
            self.weight = tf.Variable(tf.random.normal([self.kernel_size,self.kernel_size,input_shape[-1],self.filter]))
            self.bias = tf.Variable(tf.random.normal([self.filter]))
            super(MyLayer, self).build(input_shape)  # Be sure to call this somewhere!
        def call(self, input_tensor):
            conv = tf.nn.conv2d(input_tensor, self.weight, strides=[1, 2, 2, 1], padding='SAME')
            conv = tf.nn.bias_add(conv, self.bias)
            out = tf.nn.relu(conv) + conv
            return out

    input_xs = tf.keras.Input([28,28,1])
    conv = tf.keras.layers.Conv2D(32,3,padding="SAME",activation=tf.nn.relu)(input_xs)
    #使用自定义的层替换 TensorFlow 2.0 的卷积层
    conv = MyLayer(32,3)(conv)
    conv = tf.keras.layers.BatchNormalization()(conv)
    conv = tf.keras.layers.Conv2D(64,3,padding="SAME",activation=tf.nn.relu)(conv)
    conv = tf.keras.layers.MaxPool2D(strides=[1,1])(conv)
    conv = tf.keras.layers.Conv2D(128,3,padding="SAME",activation=tf.nn.relu)(conv)
    flat = tf.keras.layers.Flatten()(conv)
    dense = tf.keras.layers.Dense(512, activation=tf.nn.relu)(flat)
    logits = tf.keras.layers.Dense(10, activation=tf.nn.softmax)(dense)
    model = tf.keras.Model(inputs=input_xs, outputs=logits)
    print(model.summary())
    model.compile(optimizer=tf.optimizers.Adam(1e-3),loss=tf.losses.categorical_crossentropy,metrics = ['accuracy'])
    model.fit(train_dataset, epochs=10)
    model.save("./saver/model.h5")
    score = model.evaluate(test_dataset)
    print("last score:",score)
```

该程序的运行结果如图 5.23 所示。

```
11/20 [==============>..............] - ETA: 0s - loss: 0.0771 - accuracy: 0.9903
12/20 [================>............] - ETA: 0s - loss: 0.0755 - accuracy: 0.9905
13/20 [==================>..........] - ETA: 0s - loss: 0.0732 - accuracy: 0.9914
14/20 [===================>.........] - ETA: 0s - loss: 0.0695 - accuracy: 0.9924
15/20 [=====================>.......] - ETA: 0s - loss: 0.0653 - accuracy: 0.9935
16/20 [======================>......] - ETA: 0s - loss: 0.0614 - accuracy: 0.9944
17/20 [========================>....] - ETA: 0s - loss: 0.0580 - accuracy: 0.9948
18/20 [==========================>..] - ETA: 0s - loss: 0.0511 - accuracy: 0.9952
19/20 [===========================>.] - ETA: 0s - loss: 0.0471 - accuracy: 0.9955
20/20 [=============================] - 3s 137ms/step - loss: 0.0405 - accuracy: 0.9913
last score: [0.04711936466246843, 0.9913]
```

图 5.23　程序 5-6 的运行结果

5.3　本章小结

本章主要介绍了如何使用卷积对 MNIST 手写字体进行识别。这是 TensorFlow 2.0 的一个入门部分，包含的内容非常多，例如使用多种不同的层和类构建一个较为复杂的卷积神经网络，同时还向读者介绍了部分类和层的使用。

本章自定义了一个新的卷积层"残差卷积"。这是非常重要的内容，希望读者熟悉和掌握在 TensorFlow 2.0 中自定义层的写法和使用。

第 6 章

TensorFlow 2.0 Dataset 使用详解

对于动物的喂养，需要从幼小动物开始，不停地为其提供食物，供它们吸收和成长，如图 6.1 所示。

图 6.1 动物的喂养

TensorFlow 在对数据的需求上也是如此，需要源源不断地获取以数据作为目标的"食物"，充分吸收这些"食物"中所包含的信息后才能茁壮地成长。

本章是 TensorFlow 2.0 的基础部分，通过介绍 TensorFlow 2.0 官方提供的 Dataset API 学习如何对数据进行处理和访问。通过简洁和优雅的语法，读者能够便捷地掌握基本数据的创建和使用方法。

6.1　Dataset API 基本结构和内容

从 TensorFlow 官方网站上来看，Dataset API 主要分成图 6.2 所示的几个部分。

第 6 章 TensorFlow 2.0 Dataset 使用详解

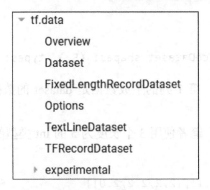

图 6.2 Dataset API

这些部分的相互依赖关系如图 6.3 所示。

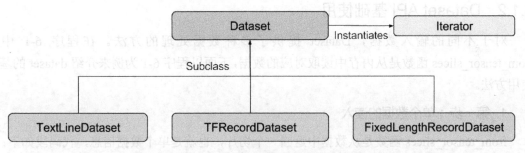

图 6.3 Dataset API 各个部分之间的相互依赖关系

从关系上来看，TextLineDataset、TFRecordDataset 和 FixedLengthRecordDataset 都是继承自 Dataset 这个大类，这些不同的子类各自又具有不同的数据处理侧重点，总结如下：

- FixedLengthRecordDataset：二进制数据的处理。
- TextLineDataset：文本处理。
- TFRecordDataset：处理存储于硬盘的大量数据，不适合进行内存读取。

以 TFRecordDataset 为例，它的函数主要包括数据读取、元素变换、过滤、数据集拼接、交叉等。

Dataset 可以表示为一些元素的序列（可以是列表、元组甚至是字典）。例如，对于图像通道，元素可以是单独的数据样本，也可以是成对的（样本+标注）。

6.1.1 Dataset API 数据种类

from_tensor_slices 这个函数，相信读者已经见过多次，代码如下所示。

【程序 6-1】

```
import tensorflow as tf
data=[[0,0,0,0,0],[1,1,1,1,1],[2,2,2,2,2]]
dataset=tf.data.Dataset.from_tensor_slices (data)
print(dataset)
```

103

打印结果如下:

<TensorSliceDataset shapes: (5,), types: tf.int32>

这里分别打印出了 3 列,第 1 列的生成数据是 dataset 的数据类型;第 2、3 列是 dataset 的数据大小和种类。

顺便提一下,在 data 中,笔者使用 3 个长度为 5 的 int 类型的数值创建了一个数据集,如果将 data 改成如下形式:

[[0,0,0,0,0],[1,1,1,1,1],[2,2,2,2,2.0]]

即最后一个 2 被改成 2.0,那么打印结果将如何呢?请读者自行尝试。

6.1.2 Dataset API 基础使用

对于不同的输入数据,Dataset 提供了多种数据处理的方法。在程序 6-1 中,from_tensor_slices 函数是从内存中读取对应的数据,下面以程序 6-1 为例来介绍 dataset 的基础使用方法。

1. 第一步:单个数据的读入

from_tensor_slices 函数是从数据中返回一个切片,也就是单个数据信息,代码段如下:

```
import tensorflow as tf
data=[[0,0,0,0,0],[1,1,1,1,1],[2,2,2,2,2]]
dataset=tf.data.Dataset. from_tensor_slices (data)
```

2. 第二步:读出数据

TensorFlow 2.0 对 data 数据的改变就是最大限度地简化了读取方法,使得原本复杂的数据读取步骤(make_one_shot、iterator 等)最大限度地简化,把目标数据作为一个传统的"可迭代"数据集来使用,代码如下:

【程序 6-2】

```
import tensorflow as tf
data=[[0,0,0,0,0],[1,1,1,1,1],[2,2,2,2,2]]
dataset=tf.data.Dataset.from_tensor_slices (data)
for _ in range(2):
    for index,line in enumerate(dataset):
        print(index," ",line)
print("-------------------")
```

该程序的运行结果如图 6.4 所示。

```
0    tf.Tensor([0 0 0 0 0], shape=(5,), dtype=int32)
1    tf.Tensor([1 1 1 1 1], shape=(5,), dtype=int32)
2    tf.Tensor([2 2 2 2 2], shape=(5,), dtype=int32)
------------------
0    tf.Tensor([0 0 0 0 0], shape=(5,), dtype=int32)
1    tf.Tensor([1 1 1 1 1], shape=(5,), dtype=int32)
2    tf.Tensor([2 2 2 2 2], shape=(5,), dtype=int32)
------------------
```

图 6.4　程序 6-2 的运行结果

此时的 data 在其内部实际上被整合成一个新的可迭代数据集，而后直接使用 for 语句即可方便地打印出来。

下面换一种数据输出的方式，即在读入数据集以后调用 batch 将数据打包后重新生成。代码如下：

【程序 6-3】

```
import tensorflow as tf
data=[[0,0,0,0,0],[1,1,1,1,1],[2,2,2,2,2]]
dataset=tf.data.Dataset.from_tensor_slices (data).batch(2)
for index,line in enumerate(dataset):
   print(index," ",line)
   print("-----------")
```

该程序的运行结果如图 6.5 所示。

```
0    tf.Tensor(
[[0 0 0 0 0]
 [1 1 1 1 1]], shape=(2, 5), dtype=int32)
-----------
1    tf.Tensor([[2 2 2 2 2]], shape=(1, 5), dtype=int32)
-----------
```

图 6.5　程序 6-3 的运行结果

可以看到，打印出来的数据实际被分成 2 组，一组是大小为[2,5]的数组，另一组为 batch 中剩余的数据。

6.2　Dataset API 高级用法

在 6.1 节中使用 Dataset API 读取了单个数据。对于最基本的 TensorFlow 模型来说，单个数据的读取并不能够满足需求，一般数据和数据的标注需要配对读取。

当然，也可以调用 2 个 from_tensor_slices 函数分别读取所需的内容。为了省事，TensorFlow 官方也提供了相应的高级用法，对于不同的数据集可以组合在一起使用。

```
dataset=tf.data.Dataset.from_tensor_slices ({
```

```
    "a": np.array([1.0, 2.0, 3.0, 4.0, 5.0]),
    "b": np.random.random(size=(5, 3))
    }
)
```

上面代码段中的 from_tensor_slices 函数读取了一个字典形式的数据。具体来看，以 a 为主键（Key）的数据是一个长度为 5 的数值序列，而 b 是一个大小为[5,3]的数据集，而后依次进行对应的操作，即每个 a 的第一个元素对应于 b 中的第一个元素。

【程序 6-4】

```
import tensorflow as tf
import numpy as np
dataset=tf.data.Dataset.from_tensor_slices ({
    "a": np.array([1.0, 2.0, 3.0, 4.0, 5.0]),
    "b": np.random.random(size=(5, 3))
    }
)
print(dataset)
```

该程序的运行结果如下：

```
<TensorSliceDataset shapes: {a: (), b: (3,)}, types: {a: tf.float64, b: tf.float64}>
```

从程序的运行结果可知，用 a 和 b 定义了 dataset 数据集。要打印新定义的数据集中的各个元素，修改程序代码，如下所示。

【程序 6-5】

```
import tensorflow as tf
import numpy as np
dataset=tf.data.Dataset.from_tensor_slices ({
    "a": np.array([1.0, 2.0, 3.0, 4.0, 5.0]),
    "b": np.random.random(size=(5, 3))
    }
)
for line in dataset:
    print(line["a"],"---",line["b"])
```

该程序的运行结果如图 6.6 所示。

```
tf.Tensor(1.0, shape=(), dtype=float64) --- tf.Tensor([0.26935237 0.35859144 0.09798196], shape=(3,), dtype=float64)
tf.Tensor(2.0, shape=(), dtype=float64) --- tf.Tensor([0.75657119 0.7774104  0.2114192 ], shape=(3,), dtype=float64)
tf.Tensor(3.0, shape=(), dtype=float64) --- tf.Tensor([0.89944409 0.30745889 0.78543458], shape=(3,), dtype=float64)
tf.Tensor(4.0, shape=(), dtype=float64) --- tf.Tensor([0.71445284 0.86729183 0.93486517], shape=(3,), dtype=float64)
tf.Tensor(5.0, shape=(), dtype=float64) --- tf.Tensor([0.7198062  0.44152273 0.05490821], shape=(3,), dtype=float64)
```

图 6.6　程序 6-5 的运行结果

读者可能会注意到这里采用的是字典的形式，即用一个花括号{…}将数据进行打包。实际上，from_tensor_slices 也接受以小括号为内容的数据组合：

```
dataset=tf.data.Dataset.from_tensor_slices ((
    np.array([1.0, 2.0, 3.0, 4.0, 5.0]),
    np.random.random(size=(5, 3))
    )
)
```

此时数据集的构成为"元组"的形式而非字典的形式。

【程序 6-6】

```
import tensorflow as tf
import numpy as np
dataset=tf.data.Dataset.from_tensor_slices ((
    np.array([1.0, 2.0, 3.0, 4.0, 5.0]),
    np.random.random(size=(5, 3))
    )
)
for xs,ys in dataset:
    print(xs," ",ys)
```

该程序的运行结果如图 6.7 所示。

```
tf.Tensor(1.0, shape=(), dtype=float64)    tf.Tensor([0.22322008 0.53324016 0.3857274 ], shape=(3,), dtype=float64)
tf.Tensor(2.0, shape=(), dtype=float64)    tf.Tensor([0.52995321 0.01338348 0.23472333], shape=(3,), dtype=float64)
tf.Tensor(3.0, shape=(), dtype=float64)    tf.Tensor([0.982717   0.53997127 0.56406601], shape=(3,), dtype=float64)
tf.Tensor(4.0, shape=(), dtype=float64)    tf.Tensor([0.13629258 0.12199221 0.92762117], shape=(3,), dtype=float64)
tf.Tensor(5.0, shape=(), dtype=float64)    tf.Tensor([0.96342403 0.54634598 0.78185978], shape=(3,), dtype=float64)
```

图 6.7 程序 6-6 的运行结果

至于哪种方法更好，请读者根据需要自行选用。

6.2.1 Dataset API 数据转换方法

除了常用的数据读入和输出的方法外，Dataset 还提供了一系列新型的 API 用于数据集的转换操作，从而生成基于原有数据集的子集，常用的数据转换操作有数据变换和生成 epoch 等，其中常用的数据变换有 map、batch、shuffle 和 repeat。

1. map 的用法

map 的用法和 Python 一样，接收一个函数对象。使用 Dataset 读取的每个数据都会被当成这个函数的输入，并将函数计算后的结果作为返回值输出，组成一个新的数据集 dataset。代码段如下所示。

```
def get_sum(dict):
    feat = dict["feat"]
    label = dict["label"]
    sum = tf.reduce_mean(label)
```

```
    return feat,sum
dataset=tf.data.Dataset.from_tensor_slices ({
    "feat": np.array([1.0, 2.0, 3.0, 4.0, 5.0]),
    "label": np.random.random(size=(5, 3))
})
dataset = dataset.map(get_sum)
```

在这段代码中,首先通过 from_tensor_slices 读取数据,之后调用 get_sum 函数对读取的数据进行计算,最后将计算的结果值返回。

> **注 意**
> 计算后的数据被集合并存储到一个新的数据集中,以备后续使用。

【程序 6-7】

```
import tensorflow as tf
import numpy as np
def get_sum(dict):
    feat = dict["feat"]
    label = dict["label"]
    sum = tf.reduce_mean(label)
    return feat, sum
dataset = tf.data.Dataset.from_tensor_slices({
    "feat": np.array([1.0, 2.0, 3.0, 4.0, 5.0]),
    "label": np.random.random(size=(5, 3))
})
dataset = dataset.map(get_sum)
for xs,ys in dataset:
    print(xs," ",ys)
```

该程序的运行结果如图 6.8 所示。

```
tf.Tensor(1.0, shape=(), dtype=float64)    tf.Tensor(0.29957629709656636, shape=(), dtype=float64)
tf.Tensor(2.0, shape=(), dtype=float64)    tf.Tensor(0.303822275291136485, shape=(), dtype=float64)
tf.Tensor(3.0, shape=(), dtype=float64)    tf.Tensor(0.7373160461476505, shape=(), dtype=float64)
tf.Tensor(4.0, shape=(), dtype=float64)    tf.Tensor(0.7104443870311715, shape=(), dtype=float64)
tf.Tensor(5.0, shape=(), dtype=float64)    tf.Tensor(0.573805498940254, shape=(), dtype=float64)
```

图 6.8 程序 6-7 的运行结果

2. batch 的用法

batch 的作用是将输入的数据打包并输出,代码如下:

```
dataset=tf.data.Dataset.from_tensor_slices ({
    "feat": np.array([1.0, 2.0, 3.0, 4.0, 5.0]),
    "label": np.random.random(size=(5, 3))}
```

```
)
dataset = dataset.batch(3)
```

这段代码输入数据集,并整合成每个 batch 有 3 个元素,全部的代码如程序 6-8 所示。

【程序 6-8】

```
import tensorflow as tf
import numpy as np
dataset=tf.data.Dataset.from_tensor_slices ({
    "feat": np.array([1.0, 2.0, 3.0, 4.0, 5.0]),
    "label": np.random.random(size=(5, 3))
    }
)
dataset = dataset.batch(3)
print(dataset)
```

该程序的运行结果如图 6.9 所示。这里的数据集被分成 2 个 batch,每个 batch 中使用字典的形式存储全部的数据集,并且依次分组。

```
<BatchDataset shapes: {feat: (None,), label: (None, 3)}, types: {feat: tf.float64, label: tf.float64}>
```

图 6.9 程序 6-8 的运行结果

3. shuffle 的用法

shuffle 的作用是打乱数据集中的元素。它有一个参数 buffersize,表示打乱时使用的缓冲区的大小。

```
dataset = dataset.shuffle(buffer_size=100)
```

【程序 6-9】

```
import tensorflow as tf
import numpy as np
dataset=tf.data.Dataset.from_tensor_slices ({
    "feat": np.array([1.0, 2.0, 3.0, 4.0, 5.0]),
    "label": np.random.random(size=(5, 3))
    }
)
dataset = dataset.shuffle(buffer_size=100)
dataset = dataset.batch(2)
for line in dataset:
    print(line["feat"]," ",line["label"])
print("--------------------")
```

该程序首先调用 shuffle 函数打乱读取的数据,之后再调用 batch 函数将其组合成一个新的数据集 dataset,而新的 dataset 又重新被加载到迭代器中输出。该程序的运行结果如图 6.10 所示。

```
tf.Tensor([4. 2.], shape=(2,), dtype=float64)   tf.Tensor(
[[0.41021443 0.60429492 0.38480552]
 [0.94320283 0.29658178 0.59730845]], shape=(2, 3), dtype=float64)
--------------------
tf.Tensor([5. 1.], shape=(2,), dtype=float64)   tf.Tensor(
[[0.9266344  0.53451221 0.92064637]
 [0.38084587 0.47658538 0.76184144]], shape=(2, 3), dtype=float64)
--------------------
tf.Tensor([3.], shape=(1,), dtype=float64)   tf.Tensor([[0.32903692 0.57588953 0.02516769]], shape=(1, 3), dtype=float64)
```

图 6.10　程序 6-9 的运行结果

从程序的运行结果可以看到，其中的迭代数据被分成 3 个字典集合输出，并且顺序也被修正了。

4. repeat 的用法

repeat 的用法是将数据集重复若干次，代码如下：

```
dataset = dataset.repeat(2)
```

其中的数字 2 指的是整个数据集重复的次数，配合调用 shuffle 函数可以使得数据集在打乱顺序之后获取更多不同顺序的数据集。

【程序 6-10】

```
import tensorflow as tf
import numpy as np
dataset=tf.data.Dataset.from_tensor_slices ({
      "feat": np.array([1.0, 2.0, 3.0, 4.0, 5.0]),
      "label": np.random.random(size=(5, 3))
   }
)
dataset = dataset.repeat(2)
dataset = dataset.shuffle(100)
for line in dataset:
    print(line)
```

该程序的运行结果如图 6.11 所示。

```
dtype=float64, numpy=1.0>, 'label': <tf.Tensor: id=16, shape=(3,), dtype=float64, numpy=array([0.51073654, 0.4362411 , 0.88676519])>}
dtype=float64, numpy=5.0>, 'label': <tf.Tensor: id=20, shape=(3,), dtype=float64, numpy=array([0.22756214, 0.15766779, 0.0245496 ])>}
dtype=float64, numpy=4.0>, 'label': <tf.Tensor: id=24, shape=(3,), dtype=float64, numpy=array([0.09398553, 0.11409945, 0.10427974])>}
dtype=float64, numpy=3.0>, 'label': <tf.Tensor: id=28, shape=(3,), dtype=float64, numpy=array([0.9290486 , 0.64704239, 0.49012818])>}
dtype=float64, numpy=4.0>, 'label': <tf.Tensor: id=32, shape=(3,), dtype=float64, numpy=array([0.09398553, 0.11409945, 0.10427974])>}
dtype=float64, numpy=1.0>, 'label': <tf.Tensor: id=36, shape=(3,), dtype=float64, numpy=array([0.51073654, 0.4362411 , 0.88676519])>}
dtype=float64, numpy=5.0>, 'label': <tf.Tensor: id=40, shape=(3,), dtype=float64, numpy=array([0.22756214, 0.15766779, 0.0245496 ])>}
dtype=float64, numpy=2.0>, 'label': <tf.Tensor: id=44, shape=(3,), dtype=float64, numpy=array([0.67617252, 0.75074004, 0.74420599])>}
dtype=float64, numpy=2.0>, 'label': <tf.Tensor: id=48, shape=(3,), dtype=float64, numpy=array([0.67617252, 0.75074004, 0.74420599])>}
dtype=float64, numpy=3.0>, 'label': <tf.Tensor: id=52, shape=(3,), dtype=float64, numpy=array([0.9290486 , 0.64704239, 0.49012818])>}
```

图 6.11　程序 6-10 的运行结果

6.2.2　读取图片数据集的例子

图片数据集是较为常用的一种数据形式，也是深度学习中必不可少的数据集和测试目标。下面的代码段是一个使用 Dataset API 读取图片数据集的例子，具体使用请读者自行测试。

```python
def parse_image_dataset_function(filename, label):
    image_string = tf.read_file(filename)
    # image_decoded = tf.image.decode_image(image_string, channels=3)
    image_decoded = tf.image.decode_jpeg(image_string)
    image_resized = tf.image.resize_images(image_decoded, size=(100, 100))

    return image_resized, label
```

或者使用经过 batch 处理的图片读取的例子：

```python
def get_iamge_datase_example(batch_size = 12):
    filenames_tmp = glob.glob(os.path.join('./img_dataset',
'*.{}'.format('jpg')))
    filenames = tf.constant(filenames_tmp)
    labels = tf.constant(range(len(filenames_tmp)))

    dataset = tf.data.Dataset.from_tensor_slices((filenames, labels))
    dataset = dataset.map(parse_function)
    dataset = dataset.shuffle(buffer_size=500).batch(batch_size).repeat(3)
```

请读者自行测试。

6.3 使用 TFRecord API 创建和使用数据集

在使用 TensorFlow 模型训练时会遇到下面这样的问题：当输入到模型中运行的数据的 batch_size 过大时，系统会报出 OOM 的错误，即输入的数据量超过了内存所能存储的最大数据容量，如果是用显卡运行 TensorFlow，那么这个内存就是指显存。

简单的解决办法就是调小 batch_size 的值，但是当数据缓存较少时 GPU 的利用率可能就比较低。

从图 6.12 可以看出，当 GPU 的显存占用率很高时，利用率却在一个较低水准。进一步观察可知，此时的 CPU 占用率较高。由于更多的资源被用于数据的计算和整合，这样经计算后的数据再传递到 GPU 后就会有延迟，使得 GPU 的利用率无法达到既定的要求。

一般来说，GPU 利用率太低的原因有如下几点：

- 显存太小，不足以将全部数据一次性导入。
- CPU 进行的数据切分和模型训练之间无法异步，训练过程易受到数据 mini-batch 切分耗时过多而造成阻塞。
- 硬件带宽的限制。

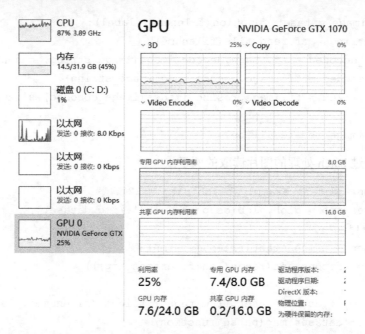

图 6.12　GPU 的利用率

本节将主要介绍如何使用 TFRecord 创建文本数据集并将其作为数据格式。

6.3.1　TFRecord 的基本概念

> 提　示
>
> 本节的内容较为复杂，不过实际上只是固定格式的嵌套，读者记住固定格式即可。

TFRecord 文件中的数据都是通过 tf.train.Example ProtocolBuffer 格式（二进制文件）存储的，真实格式如下：

```
message Example{
   Features features = 1;
};
message Features{
   map<string,Feature> feature = 1;
};
message Feature{
   one of kind{
      BytesList bytes_list = 1;
      FloatList float_list = 2;
      Int64List int64_list = 3;
   }
};
```

如果读者学过 ProtocolBuffer 格式，例如 JSON 等，就会很轻松地了解这种存储方式。不过,不懂这种格式也没有关系。读者只需知道对于TFRecord来说,实际上是生成了属性名(Key)与值(Value)作为元素的一个字典。

从TensorFlow官网上对TFRecord的介绍来看,TFRecord可以接受3种类型的数据,分别是字节串(ByteList,也就是字符串)、实数列表(FloatList)和整数列表(Int64List),即:

- tf.train.BytesList(string)
- tf.train.FloatList
- tf.train.Int64List

这3种类型都是列表类型,在实际写法中能够根据具体情况进行扩展。因为这种格式较有弹性,所以在解析时需要人为地设定解析参数。

此外需要记住的是,在TensorFlow中样本数据是按行读的,比如要存储 $M×N$ 矩阵,若使用ByteList来存储的话,则需要 $M×N$ 大小的列表,按照每一行读取的方式存储。

下面更为细致地分析一下,对于每种输入类型的数据来看:

- int64: tf.train.Feature(int64_list = tf.train.Int64List(value=input_list))
- float32: tf.train.Feature(float_list = tf.train.FloatList(value=input_list))
- string(bytes): tf.train.Feature(bytes_list=tf.train.BytesList(value= input_list))

每个Feature(特征)根据输入value(值)产生对应的符合要求的数据类型。需要注意的是,这里的input_list特意加上了list(列表),表明输入必须是一个列表,而非其他数据类型。如果获取的数据本身就是"矩阵"或者"string",该如何处理呢?解决办法如下:

- 转成列表(list)类型:将矩阵使用NumPy中的flatten函数转成列表(也就是向量),再用写入列表中。
- 转成字符串(string)类型:将张量用.tostring()转换成字符串类型,再用tf.train.Feature(bytes_list=tf.train.BytesList(value=[input.tostring()]))来存储。
- 形状(shape)信息:不管哪种方式都会使数据丢失形状信息,所以在写入特征时应该额外加入形状信息作为额外的特征。形状信息是int类型。

6.3.2 TFRecord的创建

下面以SequenceExample为例介绍TFRecord的创建方法。

1. 创建单数字的TFRecord序列

(1)生成单数字的feature。

首先创建含有单个数字的数据集,将其转化成TensorFlow能够接受的int64类型,代码如下:

```
seq = 1
features_seq = tf.train.Feature(int64_list=tf.train.Int64List(value=[seq]))
#seq加上方括号
```

此时的 features_seq 是转化成 int64 类型的数据列表，特别需要注意的是，此时的 seq 数据集就是一个单数字，但是在传入时仍需要加上括号。

（2）生成包含单个字符的 featureList。

下面的代码就是使用 featureList 将单个 feature 打包成一个新的包含特征的列表：

```
feature_lists=tf.train.FeatureLists(feature_list={'features_seq':tf.train.FeatureList(feature=[features_seq])})
```

（3）将 featureList 放入生成的 TensorFlow 专用的样本 example 中：

```
example = tf.train.SequenceExample(feature_lists=feature_lists)
```

（4）将数据写入到 TFRecord 格式文件：

```
seq_writer = tf.io.TFRecordWriter("seq.tfrecord")
seq_writer.write(example.SerializeToString())
```

全部的代码如下所示。

【程序 6-11】

```
import tensorflow as tf
#创建单个数据集
seq = 1
#创建单个字符 feature
features_seq = tf.train.Feature(int64_list=tf.train.Int64List(value=[seq]))
#创建特征列表
feature_lists=tf.train.FeatureLists(feature_list={'features_seq':
tf.train.FeatureList(feature=[features_seq])})
#嵌套入样本 example 中
example = tf.train.SequenceExample(feature_lists=feature_lists)
seq_writer = tf.io.TFRecordWriter("seq.tfrecord")
seq_writer.write(example.SerializeToString())
```

2. 创建数字序列的 TFRecord 序列

TFRecord 文件读取的方法在下一节介绍。读者可以看到程序 6-11 是创建单个数据集的完整例子，问题在于这里创建的是一个单数字数据集。如果这里的序列 seq 不是单个数字而是一个序列，那么应该如何处理呢？

代码如下：

```
seq = [1,2,3,4,5,6,7,8,9,0]
features_seq = tf.train.Feature(int64_list=tf.train.Int64List(value=seq))
#seq 没有方括号
```

这里也是首先生成一个待输入数据的特征 feature。需要注意的是，待输入数据在写入时没有用方括号，代码如下所示。

【程序 6-12】
```
import tensorflow as tf
#创建单序列数据集
seq = [1,2,3,4,5,6,7,8,9,0]
#创建单个字符特征 feature
features_seq = tf.train.Feature(int64_list=tf.train.Int64List(value=seq))
#创建特征列表
feature_lists=tf.train.FeatureLists(feature_list={'features_seq':
tf.train.FeatureList(feature=[features_seq])})
#嵌套入样本 example 中
example = tf.train.SequenceExample(feature_lists=feature_lists)
seq_writer = tf.io.TFRecordWriter("seq.tfrecord")
seq_writer.write(example.SerializeToString())
```

程序 6-12 是写入一个序列的例子，和上文的提示一样，在生成 feature_seq 时没有使用方括号。

3. 串行的数字序列集的处理方法

上面说了两种生成数字序列集的方法，但是，无论是单数字还是一个数字序列，在实际应用中都并不多，更为常见的是序列集：

```
seq_list = [[1,2,3,4,5,6,7,8,9,0],[1,2,3]]
```

这里的 seq_list 包含了两个序列，分别是[1,2,3,4,5,6,7,8,9,0]和[1,2,3]。将其依次作为序列内容写入 TFRecord 数据文件中，代码如下所示。

【程序 6-13】
```
import tensorflow as tf
seq_list = [[1,2,3,4,5,6,7,8,9,0],[1,2,3]]
seq_writer = tf.io.TFRecordWriter("seq.tfrecord")
for seq in seq_list:
    #创建单个字符特征 feature
    features_seq = tf.train.Feature(int64_list=tf.train.Int64List(value=seq))
    #创建特征列表
    feature_lists=tf.train.FeatureLists(feature_list={'features_seq':
tf.train.FeatureList(feature=[features_seq])})
    #嵌套入样本 example 中
    example = tf.train.SequenceExample(feature_lists=feature_lists)
    seq_writer.write(example.SerializeToString())
```

这是一个非常简单的方法，将 seq_list 中的数据依次读出，之后依次写入 TFRecord 数据集中。需要注意的是，这里的每个串行 seq 的值大小不必一样。

4. 并行的数字序列集的处理方法

串行的方法是将数字序列中的值依次写入 TFRecord 数据文件中，这样便形成了串联形式的数据集。

对于真实的情况来说，有时候数据输入的特征包含多个特征，即多个序列的关系，参见表 6.1。

表 6.1 多个序列的关系

Name	Feature_1	Feature_2
Name_1	[...]	[...]
Name_2	[...]	[...]

使用串行的方法将数据进行整合也是完全可以的，不过 Dataset 数据集提供了专用的多特征输入方法。

回想一下最开始的设置，首先生成单个序列的特征，之后将其组合进 featureList 中，在前面 featureList 只存有单个特征，但是实际上 featureList 可以组合多个特征，代码如下：

```
seq_1 = [1,2,3,4,5,6,7,8,9,0]
seq_2 = [0,9,8,7,6,5,4,3,2,1]
#创建多序列特征
features_seq_1 = tf.train.Feature(int64_list=tf.train.Int64List(value=seq_1))
features_seq_2 = tf.train.Feature(int64_list=tf.train.Int64List(value=seq_2))
feature_lists=tf.train.FeatureLists(feature_list={
    'features_seq': tf.train.FeatureList(feature=
[features_seq_1,features_seq_2])
})
```

在这段代码中，首先根据不同的 seq 生成两个对应的特征向量，之后组合成 featureList 特征集合。

【程序 6-14】

```
seq_1 = [1,2,3,4,5,6,7,8,9,0]
seq_2 = [0,9,8,7,6,5,4,3,2,1]
#创建多序列特征
features_seq_1 =
tf.train.Feature(int64_list=tf.train.Int64List(value=seq_1))
features_seq_2 =
tf.train.Feature(int64_list=tf.train.Int64List(value=seq_2))
#创建特征列表
feature_lists=tf.train.FeatureLists(feature_list={
    'features_seq': tf.train.FeatureList(feature=
```

```
[features_seq_1,features_seq_2])
    })
    #嵌入样本example中
    example = tf.train.SequenceExample(feature_lists=feature_lists)
    seq_writer = tf.io.TFRecordWriter("seq.tfrecord")
    seq_writer.write(example.SerializeToString())
```

用这种方式写入是可以的,但是还有一个问题——不同的特征被组合成一个 featureList 再进行数据的写入。这些特征具有一个系列的名称,也就是均为以"features_seq"为名称的 value 值。

如果想不同的特征具有不同的特征名称,那么可以使用如下代码:

```
    seq_1 = [1,2,3,4,5,6,7,8,9,0]
    seq_2 = [0,9,8,7,6,5,4,3,2,1]
    #创建多序列特征
    features_seq_1 = tf.train.Feature(int64_list=tf.train.Int64List
(value=seq_1))
    features_seq_2 = tf.train.Feature(int64_list=tf.train.Int64List
(value=seq_2))
    #创建特征列表
    feature_lists=tf.train.FeatureLists(feature_list={
        'features_seq_2': tf.train.FeatureList(feature=[features_seq_1]),
        'features_seq_2': tf.train.FeatureList(feature=[features_seq_2])
    })
```

这里的每个特征被分别赋予了一个名称,之后使用 featureList 将其打包在一起。

【程序 6-15】

```
    import tensorflow as tf
    seq_1 = [1,2,3,4,5,6,7,8,9,0]
    seq_2 = [0,9,8,7,6,5,4,3,2,1]
    #创建多序列特征
    features_seq_1 = tf.train.Feature(int64_list=tf.train.Int64List
(value=seq_1))
    features_seq_2 = tf.train.Feature(int64_list=tf.train.Int64List
(value=seq_2))
    #创建特征列表
    feature_lists=tf.train.FeatureLists(feature_list={
        'features_seq_2': tf.train.FeatureList(feature=[features_seq_1]),
        'features_seq_2': tf.train.FeatureList(feature=[features_seq_2])
    })
    #嵌入样本example中
    example = tf.train.SequenceExample(feature_lists=feature_lists)
    seq_writer = tf.io.TFRecordWriter("seq.tfrecord")
```

```
seq_writer.write(example.SerializeToString())
```

除了笔者编写的例子外,还有多特征多串联的数据集处理,请读者自行完成。

6.3.3 TFRecord 的读取

如果读者把 TFRecord 创建的例子全部实现了一遍,就可以发现 TFRecord 的创建实际上就是把不同的输出单元嵌套在一起,逐级实现数据的类型并建立对应通道,最终将数据写入。

图 6.13 很好地反映了 TFRecord 的处理办法。如果在读取 TFRecord 的时候,同样使用这种嵌套的方法读取数据是否可行呢?

图 6.13 TFRecord 的处理

1. 单数据的读取

第一步生成数据集。

首先是数据集的生成,这里使用串行的形式生成一个长度为 8 的序列。

```
seq_list = [[1, 2, 3], [1, 2], [1, 2, 3], [1, 2], [1, 2, 3], [1, 2], [1, 2, 3], [1, 2]]
```

之后使用 map 创建一个逐个处理过的字符串。注意,这里的逐个指的是 seq_list 中每个 seq 中的每个数字。例如,[1,2,3]中的数字 1、2、3,需要逐个对其进行处理。代码段如下所示(这是固定写法,建议读者牢记):

```
def generate_tfrecords(tfrecod_filename,seq_list):
    with tf.io.TFRecordWriter(tfrecod_filename) as f:
        for seq in seq_list:
            encoder_smiles_input_feature = list(map(lambda seq_input:
tf.train.Feature(int64_list=tf.train.Int64List(value=[seq_input])), seq))
            example = tf.train.SequenceExample(
                feature_lists=tf.train.FeatureLists(feature_list={
                    'seq_feature': tf.train.FeatureList
(feature=encoder_smiles_input_feature)
                })
            )
```

```
            f.write(example.SerializeToString())
```

对于数据的输出也是按照逐层嵌套的方法对数据进行提取，其中最重要的函数是 tf.parse_single_sequence_example，这是需要用户自行实现的函数，它含有两个参数：serialized 和 sequence_features，对应数据的"地址"和"特征"构造。代码如下（牢记下面的写法格式）：

```
def single_example_parser(serialized_example):
    sequence_features = {
       "seq_feature": tf.data.FixedLengthRecordDataset([], record_bytes=tf.int64)
    }
    _, sequence_parsed = tf.parse_single_sequence_example(
        serialized=serialized_example,
        sequence_features=sequence_features)
    seq = sequence_parsed['seq_feature']
    return seq
```

还有一点需要提一下，FixedLenFeature 在处理特征时会根据输入的 shape（形状）来得到相应输出 tensor（张量）的 shape。

- 当输入 shape=[]时，输出 tensor 的 shape=(batch_size,)。
- 当输入 shape=[k]时，输出 tensor 的 shape= (batch_size,k)。

整体代码的使用如程序 6-16 所示。

【程序 6-16】

```
import tensorflow as tf
seq_list = [[1, 2, 3], [1, 2], [1, 2, 3], [1, 2], [1, 2, 3], [1, 2], [1, 2, 3], [1, 2]]
def generate_tfrecords(tfrecod_filename,seq_list):
    with tf.io.TFRecordWriter(tfrecod_filename) as f:
        for seq in (seq_list):
            encoder_smiles_input_feature = list(map(lambda seq_input: tf.train.Feature(int64_list=tf.train.Int64List(value=[seq_input])), seq))
            example = tf.train.SequenceExample(
                feature_lists=tf.train.FeatureLists(feature_list={
                    'seq_feature':
tf.train.FeatureList(feature=encoder_smiles_input_feature)
                })
            )
            f.write(example.SerializeToString())
def single_example_parser(serialized_example):
    sequence_features = {
       "seq_feature": tf.data.FixedLengthRecordDataset([], record_bytes=tf.int64)
```

```
        }
        _, sequence_parsed = tf.parse_single_sequence_example(
            serialized=serialized_example,
            sequence_features=sequence_features)
        seq = sequence_parsed['seq_feature']
        return seq

tfrecord_filename = './seq_dataset.tfrecord'    #存储TFRecord数据的地址
generate_tfrecords(tfrecord_filename,seq_list)   #生成TFRecord数据
def single_example_parser(serialized_example):
    sequence_features = {
        "seq_feature": tf.io.FixedLenSequenceFeature([], dtype=tf.int64)
    }
    _, sequence_parsed = tf.io.parse_single_sequence_example(
        serialized=serialized_example,
        sequence_features=sequence_features)
    seq = sequence_parsed['seq_feature']
    return seq
file_path_list = tf.data.Dataset.list_files(["./seq_dataset.tfrecord"])
dataset = tf.data.TFRecordDataset(file_path_list)
dataset = dataset.map(lambda x: single_example_parser(x))
for line in dataset:
    print(line)
```

该程序的运行结果如图 6.14 所示。

```
tf.Tensor([1 2 3], shape=(3,), dtype=int64)
tf.Tensor([1 2], shape=(2,), dtype=int64)
tf.Tensor([1 2 3], shape=(3,), dtype=int64)
tf.Tensor([1 2], shape=(2,), dtype=int64)
tf.Tensor([1 2 3], shape=(3,), dtype=int64)
tf.Tensor([1 2], shape=(2,), dtype=int64)
tf.Tensor([1 2 3], shape=(3,), dtype=int64)
tf.Tensor([1 2], shape=(2,), dtype=int64)
```

图 6.14　程序 6-16 的运行结果

TFRecordDataset 在将数据读取到内存中以后，调用 map 函数根据设定的参数解析函数，逐个对数据进行解析（对小序列中的数据进行解析），完成这项工作的就是 FixedLenSequenceFeature 函数。这个函数的原理和写法在上文介绍过了，利用一个 for 循环将数据读出，具体可参考前文的介绍，这里就不再重复说明了。

2. 调用 batch 函数批量化读取数据

前面介绍了将 TFRecord 数据读出的方法，虽然理论上没有问题，但是对于实际应用来说，逐个读出数据会降低数据处理的效率。

Dataset API 中提供了批量化读取数据的方法，即 batch 函数：

```
dataset = dataset.batch(3)
```

将其加在一般的读取函数之后即可：

```
dataset = tf.data.TFRecordDataset(tfrecord_filename).map(single_example_parser).batch(3)
```

然而，batch 函数有一个问题，即要求输入必须是同样维度大小的数据集，因而对于不定长的数据则无能为力。还有一种数据批量输出的方法，即 padded_batch（经过补全后的批量化数据输出）。

```
def padded_batch(self,
                 batch_size,
                 padded_shapes,
                 padding_values=None,
                 drop_remainder=False):
```

这里说明几个地方：

- batch_size 为每个 batch 的大小。
- padded_shapes 表示输入的数据在被模型计算之前所要整合的维度，不同的 rank 代表不同的维度。其中指定的 rank 数目要与输入数据的维数等同，例如输入的数据是三维，则 rank 也必须是三维，[rank_0,rank_1,rank_2]。
- drop_remainder 用于标示最后一个 batch 数据量达不到 batch_size 时是保留还是抛弃。
- rank 数要与元数据对应。
- rank 中的任何一维被设定成 None 或-1 时都表示将补全到该 batch 的最大长度。

读者需要注意的是：padded_shapes 中有若干个方括号，实际上是数据输出的维度。

例如，当数据为一个一维序列时，padded_shapes =([None])；当数据为一个二维序列时，输出结果为 padded_shapes =([None,None])。

当输出的特征值不是一个，而是两个一维的序列时，padded_shapes =([None],[None])，这便是其输出的内容，是并联的两个一维序列。如果输出为两个二维矩阵，则 padded_shapes =([None,None],[None,None])。

当输出的特征是一个常数时，则 padded_shapes = ([])是一个空括号。

3. TFRecord 读写文本序列和特征的例子

下面就以文本序列和特征读写的内容为例来完整地讲解 TFRecord 数据的存储。

（1）第一步：数据集的创建

```
def generate_tfrecords(tfrecod_filename):
    sequences = [[1], [2, 2], [3, 3, 3], [4, 4, 4, 4], [5, 5, 5, 5, 5],
                 [1], [2, 2], [3, 3, 3], [4, 4, 4, 4]]
```

```
        labels = [1, 2, 3, 4, 5, 6, 7, 8, 9]
        with tf.io.TFRecordWriter(tfrecord_filename) as f:
            for feature, label in zip(sequences, labels):
                frame_feature = list(map(lambda seq:
tf.train.Feature(int64_list=tf.train.Int64List(value=[seq])), feature))
                example = tf.train.SequenceExample(
                    context=tf.train.Features(feature={
                        'label':
tf.train.Feature(int64_list=tf.train.Int64List(value=[label]))}),
                    feature_lists=tf.train.FeatureLists(feature_list={
                        'sequence': tf.train.FeatureList(feature=frame_feature)
                    })
                )
                f.write(example.SerializeToString())
```

由于输入的是不定长序列，因此在进行特征处理的时候要根据前面所说明的不定长处理方式进行标准化写入。

（2）第二步：创建解析函数

下面一步是创建解析函数，代码如下：

```
def single_example_parser(serialized_example):
    context_features = {
        "label": tf.io.FixedLenFeature([], dtype=tf.int64)
    }
    sequence_features = {
        "sequence": tf.io.FixedLenSequenceFeature([], dtype=tf.int64)
    }
    context_parsed, sequence_parsed = tf.parse_single_sequence_example(
        serialized=serialized_example,
        context_features=context_features,
        sequence_features=sequence_features
    )
    labels = context_parsed['label']
    sequences = sequence_parsed['sequence']
    return sequences, labels
```

这里根据生成数据时创建的数据特征来创建符合要求的解析函数。

（3）第三步：创建读取函数

笔者采用生成数据读取函数的方式对数据进行标准化读取，代码如下：

```
def batched_data(tfrecord_filename, single_example_parser, batch_size,
padded_shapes, num_epochs=1, buffer_size=1000):
    dataset = tf.data.TFRecordDataset(tfrecord_filename) \
```

```
        .map(single_example_parser) \
        .padded_batch(batch_size, padded_shapes=padded_shapes) \
        .shuffle(buffer_size) \
        .repeat(num_epochs)
    return dataset.make_one_shot_iterator().get_next()
```

这里依次设定了读取方式、批量化设置、shuffle 和 repeat 的数量，并且最终将数据以迭代器的形式返回。

【程序 6-17】

```
import tensorflow as tf
def generate_tfrecords(tfrecod_filename):
    sequences = [[1], [2, 2], [3, 3, 3], [4, 4, 4, 4], [5, 5, 5, 5, 5],
                 [1], [2, 2], [3, 3, 3], [4, 4, 4, 4]]
    labels = [1, 2, 3, 4, 5, 6, 7, 8, 9]
    with tf.io.TFRecordWriter(tfrecod_filename) as f:
        for feature, label in zip(sequences, labels):
            frame_feature = list(map(lambda seq:
tf.train.Feature(int64_list=tf.train.Int64List(value=[seq])), feature))
            example = tf.train.SequenceExample(
                context=tf.train.Features(feature={
                    'label': tf.train.Feature(int64_list=tf.train.Int64List
(value=[label]))}),feature_lists=tf.train.FeatureLists(feature_list={
                    'sequence': tf.train.FeatureList(feature=frame_feature)
                })
            )
            f.write(example.SerializeToString())
def single_example_parser(serialized_example):
    context_features = {
        "label": tf.io.FixedLenFeature([], dtype=tf.int64)
    }
    sequence_features = {
        "sequence": tf.io.FixedLenSequenceFeature([], dtype=tf.int64)
    }
    context_parsed, sequence_parsed = tf.io.parse_single_sequence_example(
        serialized=serialized_example,
        context_features=context_features,
        sequence_features=sequence_features
    )
    labels = context_parsed['label']
    sequences = sequence_parsed['sequence']
    return sequences, labels
```

```python
    def batched_data(tfrecord_filename, single_example_parser, batch_size,
padded_shapes, num_epochs=1, buffer_size=1000):
        dataset = tf.data.TFRecordDataset(tfrecord_filename) \
            .map(single_example_parser) \
            .padded_batch(batch_size, padded_shapes=padded_shapes) \
            .shuffle(buffer_size) \
            .repeat(num_epochs)
        return dataset

    if __name__ == "__main__":
        tfrecord_filename = 'test.tfrecord'
        generate_tfrecords(tfrecord_filename)
        dataset = batched_data(tfrecord_filename, single_example_parser, 2,
([None], []))
        for line in dataset:
            print(line)
            print("-----------------")
```

如果读者完整地学习了前文的全部内容,那么这段代码看起来并不难。这段代码的含义是:首先生成了 2 个序列,分别代表特征和特征值;之后构建单个数据的解析函数和读取方法,指定补全的批量数、维度以及次数;最后通过一个 for 循环来读取数据。这个程序的运行结果如图 6.15 所示。

```
(<tf.Tensor: id=49, shape=(2, 3), dtype=int64, numpy=
array([[2, 2, 0],
       [3, 3, 3]], dtype=int64)>, <tf.Tensor: id=50, shape=(2,), dtype=int64, numpy=array([7, 8], dtype=int64)>)
-----------------
(<tf.Tensor: id=53, shape=(1, 4), dtype=int64, numpy=array([[4, 4, 4, 4]], dtype=int64)>, <tf.Tensor: id=54, shape=(1,
-----------------
(<tf.Tensor: id=57, shape=(2, 2), dtype=int64, numpy=
array([[1, 0],
       [2, 2]], dtype=int64)>, <tf.Tensor: id=58, shape=(2,), dtype=int64, numpy=array([1, 2], dtype=int64)>)
-----------------
(<tf.Tensor: id=61, shape=(2, 5), dtype=int64, numpy=
array([[5, 5, 5, 5, 5],
       [1, 0, 0, 0, 0]], dtype=int64)>, <tf.Tensor: id=62, shape=(2,), dtype=int64, numpy=array([5, 6], dtype=int64)>)
-----------------
(<tf.Tensor: id=65, shape=(2, 4), dtype=int64, numpy=
array([[3, 3, 3, 0],
       [4, 4, 4, 4]], dtype=int64)>, <tf.Tensor: id=66, shape=(2,), dtype=int64, numpy=array([3, 4], dtype=int64)>)
```

图 6.15　程序 6-17 的运行结果

6.4　TFRecord 实战:带有处理模型的完整例子

下面以一个带有简单模型计算的例子来演示 TFRecord API 的使用,同时提示一些需要读者注意的地方。

6.4.1 创建数据集

数据集的定义可参见表 6.2。其中，Label（标注）设置为每一行 Feature（特征）的均值。

表 6.2 数据集

Feature	Label
[1,2,3,4,5,6,,7]	4.0
[1,2,3,4,5]	4.0
[2,2,3,4,5]	3.2
[9,7,8,6,3,1,5]	5.57
[4,5,6,7,9,1]	5.33
[2,3,4,8]	4.25
[7,3,2]	4

根据表中 Feature 和 Label 创建数据集，代码如下：

```
def generate_tfrecords(tfrecod_filename):
    sequences = [[1, 2, 3, 4, 5, 6, 7], [1, 2, 3, 4, 5, 6, 7], [2, 2, 3, 4, 5], [9, 7, 8, 6, 3, 1, 5], [4, 5, 6, 7, 9,1], [2, 3, 4, 8], [7, 3, 2]]
    labels = [int(round(np.mean(seq))) for seq in sequences]
    with tf.io.TFRecordWriter(tfrecod_filename) as f:
        for feature, label in zip(sequences, labels):
            frame_feature = list(map(lambda seq: tf.train.Feature(int64_list=tf.train.Int64List(value=[seq])), feature))
            example = tf.train.SequenceExample(
                context=tf.train.Features(feature={
                    'label': tf.train.Feature(int64_list=tf.train.Int64List(value=[label]))}),
                feature_lists=tf.train.FeatureLists(feature_list={
                    'sequence': tf.train.FeatureList(feature=frame_feature)
                })
            )
            f.write(example.SerializeToString())
```

6.4.2 创建解析函数

解析函数使用创建 TFRecord 时定义的数据特征来重新生成数据内容，代码如下：

```
def single_example_parser(serialized_example):
    context_features = {
        "label": tf.io.FixedLenFeature([], dtype=tf.int64)
    }
    sequence_features = {
        "sequence": tf.io.FixedLenSequenceFeature([], dtype=tf.int64)
    }
```

```
        context_parsed, sequence_parsed = tf.io.parse_single_sequence_example(
            serialized=serialized_example,
            context_features=context_features,
            sequence_features=sequence_features
        )
        labels = context_parsed['label']
        sequences = sequence_parsed['sequence']
    return sequences, labels
```

6.4.3 创建数据模型

模型的设计非常简单,即计算数据的均值,代码如下:

```
infer = tf.reduce_mean(_features)
```

6.4.4 创建读取函数

根据模型的设计,修改读取函数,删除了 shuffle 和 batch 处理,代码如下:

```
def batched_data(tfrecord_filename, single_example_parser):
    dataset = tf.data.TFRecordDataset(tfrecord_filename).map(single_example_parser)
    return dataset
```

完整的计算代码如程序 6-18 所示。

【程序 6-18】

```
import tensorflow as tf
import numpy as np
def generate_tfrecords(tfrecod_filename):
    sequences = [[1, 2, 3, 4, 5, 6, 7], [1, 2, 3, 4, 5, 6, 7], [2, 2, 3, 4, 5],
[9, 7, 8, 6, 3, 1, 5], [4, 5, 6, 7, 9,1], [2, 3, 4, 8], [7, 3, 2]]
    labels = [int(round(np.mean(seq))) for seq in sequences]
    with tf.io.TFRecordWriter(tfrecod_filename) as f:
        for feature, label in zip(sequences, labels):
            frame_feature = list(map(lambda seq: tf.train.Feature(int64_list
=tf.train.Int64List(value=[seq])), feature))
            example = tf.train.SequenceExample(
                context=tf.train.Features(feature={
                    'label': tf.train.Feature(int64_list=tf.train.Int64List
(value=[label]))}),
                feature_lists=tf.train.FeatureLists(feature_list={
                    'sequence': tf.train.FeatureList(feature=frame_feature)
                })
            )
```

```python
            f.write(example.SerializeToString())

def single_example_parser(serialized_example):
    context_features = {
        "label": tf.io.FixedLenFeature([], dtype=tf.int64)
    }
    sequence_features = {
        "sequence": tf.io.FixedLenSequenceFeature([], dtype=tf.int64)
    }
    context_parsed, sequence_parsed = tf.io.parse_single_sequence_example(
        serialized=serialized_example,
        context_features=context_features,
        sequence_features=sequence_features
    )
    labels = context_parsed['label']
    sequences = sequence_parsed['sequence']
    return sequences, labels

def batched_data(tfrecord_filename, single_example_parser):
    dataset = tf.data.TFRecordDataset(tfrecord_filename).map(single_example_parser)
    return dataset
tfrecord_filename = 'test.tfrecord'
generate_tfrecords(tfrecord_filename)
dataset = batched_data(tfrecord_filename, single_example_parser)
def model(input_tensor):
    return tf.reduce_mean(input_tensor)

for sequence,label in dataset:
    infer = model(sequence)
    print(infer," ",label)
```

该程序的运行结果如图 6.16 所示。

```
tf.Tensor(4, shape=(), dtype=int64)    tf.Tensor(4, shape=(), dtype=int64)
tf.Tensor(4, shape=(), dtype=int64)    tf.Tensor(4, shape=(), dtype=int64)
tf.Tensor(3, shape=(), dtype=int64)    tf.Tensor(3, shape=(), dtype=int64)
tf.Tensor(5, shape=(), dtype=int64)    tf.Tensor(6, shape=(), dtype=int64)
tf.Tensor(5, shape=(), dtype=int64)    tf.Tensor(5, shape=(), dtype=int64)
tf.Tensor(4, shape=(), dtype=int64)    tf.Tensor(4, shape=(), dtype=int64)
tf.Tensor(4, shape=(), dtype=int64)    tf.Tensor(4, shape=(), dtype=int64)
```

图 6.16 程序 6-18 的运行结果

6.5 本章小结

TFRecord 是 TensorFlow 2.0 数据处理的基础，所以本章是非常重要的一个章节，介绍了一些基本、常用的方法，对框架的总体计算帮助很大。

除了前面介绍的方法和内容外，TFRecord 还有一些不常用的方法，例如 generator 等更为细节化的操作，请读者在后续的学习过程中整理和发掘。

Dataset API 是 TensorFlow 引入的一个中层 API，封装了底层的多线程和预读取，可用于简单实现原本的底层函数或方法，因而降低了程序编写的难度。

第 7 章

TensorFlow Datasets和 TensorBoard详解

训练 TensorFlow 模型时,需要找数据集、下载数据集、加载数据集……太麻烦了,比如 MNIST 这种全世界都在用的数据集,能不能一键加载呢?TensorFlow 也是这么想的。

吴恩达老师说过,公共数据集为机器学习研究提供了动力,但将这些数据集放入机器学习管道就够难了。编写用于下载数据集的一次性脚本,要为不同数据集准备不同的源格式,而且不同数据集的复杂性也不一样,诸如此类,相信每个程序员切身体会过这种痛苦。

对于大多数 TensorFlow 初学者来说,选择一个合适的数据集是开始最初练手项目重要的一步。为了帮助初学者方便迅捷地获取合适的数据集,并作为一个标准的评分测试标准,TensorFlow 推出了一个新的功能——TensorFlow Datasets。它可以用 tf.data 和 NumPy 的格式将公共数据集加载到 TensorFlow 中,以方便、迅捷地供使用者调用。

当使用 TensorFlow 训练大量深层的神经网络时,使用者希望去跟踪神经网络整个训练过程中的信息,比如迭代过程中每一层参数是如何变化与分布的、每次循环参数更新后模型在测试集与训练集上的准确率如何、损失值的变化情况等。如果能在训练的过程中将一些信息加以记录并可视化地表现出来,那么有助于更深刻地理解所探索的模型。

本章将详细介绍 TensorFlow Datasets 和 TensorBoard 的使用。

7.1 TensorFlow Datasets 简介

目前,有 85 个数据集(数据集仍在增加)可以通过 TensorFlow Datasets 加载。读者可以通过打印的方式获取到全部数据集的名称:

```
import tensorflow_datasets as tfds
print(tfds.list_builders())
```

这段代码的运行结果如下:

```
['abstract_reasoning', 'bair_robot_pushing_small', 'bigearthnet',
'caltech101', 'cats_vs_dogs', 'celeb_a', 'celeb_a_hq', 'chexpert', 'cifar10',
'cifar100', 'cifar10_corrupted', 'clevr', 'cnn_dailymail', 'coco', 'coco2014',
'colorectal_histology', 'colorectal_histology_large',
```

```
'curated_breast_imaging_ddsm', 'cycle_gan', 'definite_pronoun_resolution',
'diabetic_retinopathy_detection', 'downsampled_imagenet', 'dsprites', 'dtd',
'dummy_dataset_shared_generator', 'dummy_mnist', 'emnist', 'eurosat',
'fashion_mnist', 'flores', 'glue', 'groove', 'higgs', 'horses_or_humans',
'image_label_folder', 'imagenet2012', 'imagenet2012_corrupted', 'imdb_reviews',
'iris', 'kitti', 'kmnist', 'lm1b', 'lsun', 'mnist', 'mnist_corrupted',
'moving_mnist', 'multi_nli', 'nsynth', 'omniglot', 'open_images_v4',
'oxford_flowers102', 'oxford_iiit_pet', 'para_crawl', 'patch_camelyon',
'pet_finder', 'quickdraw_bitmap', 'resisc45', 'rock_paper_scissors', 'shapes3d',
'smallnorb', 'snli', 'so2sat', 'squad', 'starcraft_video', 'sun397', 'super_glue',
'svhn_cropped', 'ted_hrlr_translate', 'ted_multi_translate', 'tf_flowers',
'titanic', 'trivia_qa', 'uc_merced', 'ucf101', 'voc2007', 'wikipedia',
'wmt14_translate', 'wmt15_translate', 'wmt16_translate', 'wmt17_translate',
'wmt18_translate', 'wmt19_translate', 'wmt_t2t_translate', 'wmt_translate',
'xnli']。
```

读者对这么多的数据集可能并不熟悉,笔者也不建议读者一一去查看和测试这些数据集。TensorFlow Datasets 较为常用的有 6 种 29 个数据集,分别涉及音频、图像、结构化数据、文本、翻译和视频类数据,如表 7.1 所示。

表 7.1 TensorFlow Datasets 数据集

种类	数据集
音频类	nsynth
图像类	cats_vs_dogs
	celeb_a
	celeb_a_hq
	cifar10
	cifar100
	coco2014
	colorectal_histology
	colorectal_histology_large
	diabetic_retinopathy_detection
	fashion_mnist
	image_label_folder
	imagenet2012
	lsun
	mnist
	omniglot
	open_images_v4
	quickdraw_bitmap
	svhn_cropped
	tf_flowers

(续表)

种类	数据集
结构化数据集	titanic
文本类	imdb_reviews
	lm1b
	squad
翻译类	wmt_translate_ende
	wmt_translate_enfr
视频类	bair_robot_pushing_small
	moving_mnist
	starcraft_video

7.1.1 Datasets 数据集的安装

一般而言，安装好 TensorFlow 2.0 以后，TensorFlow Datasets 也是默认安装好的。如果没有安装 TensorFlow Datasets，可以通过如下命令进行安装：

```
pip install tensorflow_datasets
```

7.1.2 Datasets 数据集的使用

下面以读者最为熟悉的 MNIST 数据集为例来介绍 Datasets 数据集的基本使用方法。

显示 MNIST 数据集的代码如下：

```
import tensorflow as tf
import tensorflow_datasets as tfds
mnist_data = tfds.load("mnist")
mnist_train, mnist_test = mnist_data["train"], mnist_data["test"]
assert isinstance(mnist_train, tf.data.Dataset)
```

这段代码中首先导入 tensorflow_datasets 作为数据的获取接口，之后调用 load 函数获取 MNIST 数据集的内容，最后按照 train 和 test 数据的不同将其分割成训练集和测试集。这段代码的运行结果如图 7.1 所示。

```
from ._conv import register_converters as _register_converters
Downloading and preparing dataset mnist (11.06 MiB) to C:\Users\xiaohua\tensorflow_datasets\mnist\1.0.0...
Dl Completed...: 0 url [00:00, ? url/s]
Dl Size...: 0 MiB [00:00, ? MiB/s]

Dl Completed...:   0%|          | 0/1 [00:00<?, ? url/s]
Dl Size...: 0 MiB [00:00, ? MiB/s]

Dl Completed...:   0%|          | 0/2 [00:00<?, ? url/s]
Dl Size...: 0 MiB [00:00, ? MiB/s]

Dl Completed...:   0%|          | 0/3 [00:00<?, ? url/s]
Dl Size...: 0 MiB [00:00, ? MiB/s]

Dl Completed...:   0%|          | 0/4 [00:00<?, ? url/s]
Dl Size...: 0 MiB [00:00, ? MiB/s]

Extraction completed...: 0 file [00:00, ? file/s]C:\Anaconda3\lib\site-packages\urllib3\connectionpool.py:858: Insecu
InsecureRequestWarning)
```

图 7.1 运行结果

由于是第一次下载,因此 tfds 将连接数据的下载点来获取数据的下载地址和内容,此时读者只需静待数据下载完毕即可。

要打印数据集的维度和一些说明,可执行如下代码:

```
import tensorflow_datasets as tfds
mnist_data = tfds.load("mnist")
mnist_train, mnist_test = mnist_data["train"], mnist_data["test"]

print(mnist_train)
print(mnist_test)
```

根据下载数据集的具体内容,数据集已经被调整成相应的维度和数据格式,上面代码段的运行结果如图 7.2 所示。

```
WARNING: Logging before flag parsing goes to stderr.
W1026 21:23:09.729100 15344 dataset_builder.py:439] Warning: Setting shuffle_files=True because split=TRAIN and shuffle_f
<_OptionsDataset shapes: {image: (28, 28, 1), label: ()}, types: {image: tf.uint8, label: tf.int64}>
<_OptionsDataset shapes: {image: (28, 28, 1), label: ()}, types: {image: tf.uint8, label: tf.int64}>
```

图 7.2 数据集的内容

MNIST 数据集中的数据大小是[28,28,1]维度的图片,数据类型是int8,而label类型为int64。这里有读者可能会感到奇怪,以前的 MNIST 数据集的图片数据很多,而这里只显示了一个数据的类型。实际上,当数据集输出结果如上时,已经将数据集的内容下载到本地计算机中。tfds.load 是一种构建和加载 tf.data.Dataset 最简单的方法,它获取的是一个字典类型的文件,根据不同的 key 主键获取不同的 value 值。

为了方便那些在程序中需要简单 NumPy 数组的用户,可以使用 tfds.as_numpy 返回 tf.data.Dataset 生成器来生成 NumPy 数组。这种方式就可以用 tf.data 接口来构建高性能的输入管道。

```
import tensorflow as tf
import tensorflow_datasets as tfds

train_ds = tfds.load("mnist", split=tfds.Split.TRAIN)
train_ds = train_ds.shuffle(1024).batch(128).repeat(5).prefetch(10)
for example in tfds.as_numpy(train_ds):
    numpy_images, numpy_labels = example["image"], example["label"]
```

还可以结合使用 tfds.as_numpy 与 batch_size=-1,从返回的 tf.Tensor 对象获取 NumPy 数组中的完整数据集:

```
train_ds = tfds.load("mnist", split=tfds.Split.TRAIN, batch_size=-1)
numpy_ds = tfds.as_numpy(train_ds)
numpy_images, numpy_labels = numpy_ds["image"], numpy_ds["label"]
```

> **注 意**
>
> load 函数中还额外添加了一个 split 参数,在数据传入时直接进行分割,按数据的类型分割成 image 和 label 值。

如果需要对数据集进行更细的划分，可以分成训练集、验证集和测试集，代码如下：

```
import tensorflow_datasets as tfds
splits = tfds.Split.TRAIN.subsplit(weighted=[2, 1, 1])
(raw_train, raw_validation, raw_test), metadata = tfds.load('mnist',
split=list(splits),with_info=True, as_supervised=True)
```

这里 tfds.Split.TRAIN.subsplit 函数按传入的权重将其分成训练集占 50%、验证集占 25%、测试集占 25%。

metadata 属性用于获取 MNIST 数据集的基本信息（见图 7.3）。

```
tfds.core.DatasetInfo(
    name='mnist',
    version=1.0.0,
    description='The MNIST database of handwritten digits.',
    urls=['https://storage.googleapis.com/cvdf-datasets/mnist/'],
    features=FeaturesDict({
        'image': Image(shape=(28, 28, 1), dtype=tf.uint8),
        'label': ClassLabel(shape=(), dtype=tf.int64, num_classes=10),
    }),
    total_num_examples=70000,
    splits={
        'test': 10000,
        'train': 60000,
    },
    supervised_keys=('image', 'label'),
    citation="""@article{lecun2010mnist,
      title={MNIST handwritten digit database},
      author={LeCun, Yann and Cortes, Corinna and Burges, CJ},
      journal={ATT Labs [Online]. Available: http://yann. lecun. com/exdb/mnist},
      volume={2},
      year={2010}
    }""",
    redistribution_info=,
)
```

图 7.3　MNIST 数据集的基本信息

其中记录了数据的种类、大小以及对应的格式，请读者自行调阅查看。

7.2　Datasets 数据集的使用——FashionMNIST

FashionMNIST 是一个替代 MNIST 手写数字集的图像数据集，由 Zalando（一家德国的时尚科技公司）旗下的研究部门提供，这个图片数据集包含了来自 10 种类别的共 7 万个不同商品的正面图片。

FashionMNIST 的大小、格式、训练集和测试集的划分与原始的 MNIST 完全一致，60000 的训练集数据和 10000 的测试集数据，28×28 的灰度图片，如图 7.4 所示。这个图片数据集一般直接用于测试机器学习和深度学习算法的性能，且不需要改动任何代码。

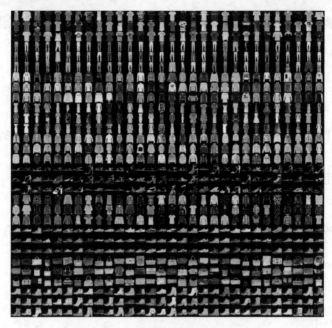

图 7.4 FashionMNIST 数据集示例

7.2.1 FashionMNIST 数据集下载与显示

读者通过搜索"FashionMNIST"关键字可以很容易找到这个数据集，而后选择下载这个数据集。在 TensorFlow 2.0 中也自带了 FashionMNIST 数据集，可以通过如下代码将这个数据集下载到本地计算机中，下载过程如图 7.5 所示。

```
import tensorflow_datasets as tfds
dataset,metadata = tfds.load('fashion_mnist',as_supervised=True,
with_info=True)
train_dataset,test_dataset = dataset['train'],dataset['test']
```

首先导入 tensorflow_datasets 作为下载的辅助数据集，load()函数中定义了所需下载的数据集对应的名称，在这里只需将其定义为本例中的目标数据集 fashion_mnist。

需要特别注意参数 as_supervised，若该参数设置为 True，就会返回一个二元组 (input, label)，而不是返回 FeaturesDict，因为二元组的形式更便于理解和使用。接下来，指定 with_info=True，就可以得到函数处理的信息。

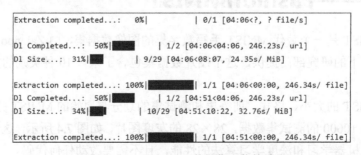

图 7.5 FashionMNIST 数据集下载的过程

下面根据下载的数据创建对应的标注。

标注编号描述如下：

```
0: T-shirt/top（T恤）
1: Trouser（裤子）
2: Pullover（套衫）
3: Dress（裙子）
4: Coat（外套）
5: Sandal（凉鞋）
6: Shirt（汗衫）
7: Sneaker（运动鞋）
8: Bag（包）
9: Ankle boot（踝靴）
```

下面的代码用于查看训练样本的个数：

```
num_train_examples = metadata.splits['train'].num_examples
num_test_examples = metadata.splits['test'].num_examples
print("训练样本个数:{}".format(num_train_examples))
print("测试样本个数:{}".format(num_test_examples))
```

这段代码的运行结果如下：

```
训练样本个数:60000
测试样本个数:10000
```

下面的代码用于输出前 25 个样本：

```
import matplotlib.pyplot as plt
plt.figure(figsize=(10,10))
i = 0
for (image, label) in test_dataset.take(25):
    image = image.numpy().reshape((28,28))
    plt.subplot(5,5,i+1)
    plt.xticks([])
    plt.yticks([])
    plt.grid(False)
    plt.imshow(image, cmap=plt.cm.binary)
    plt.xlabel(class_names[label])
    i += 1
plt.show()
```

图 7.6 显示了数据集中的前 25 个图形，并用[5,5]的矩阵将其显示出来。

图 7.6 FashionMNIST 数据集显示的结果

7.2.2 模型的建立与训练

模型的建立非常简单,在这里笔者使用 TensorFlow 2.0 中的"顺序结构"建立一个基本的 4 层分辨模型,即一个输入层、两个隐藏层和一个输出层的模型结构,代码如下:

```
model = tf.keras.Sequential([
    tf.keras.layers.Flatten(input_shape=(28,28,1)),      #输入层
    tf.keras.layers.Dense(256,activation=tf.nn.relu),    #隐藏层1
    tf.keras.layers.Dense(128,activation=tf.nn.relu),    #隐藏层2
    tf.keras.layers.Dense(10,activation=tf.nn.softmax)   #输出层
])
```

下面对这个模型做一下说明:

- 输入层:tf.keras.layers.Flatten,这一层将图像从三维数组转换为 28×28 像素(784 像素)的一维数组。将这一层想象为将图像中的逐行像素拆开,并将它们排列起来。该层没有需要学习的参数,因为它只是重新格式化数据。
- 隐藏层:tf.keras.layers.Dense,是由 128 个神经元组成的密集连接层。每个神经元(或节点)从前一层的所有 784 个节点获取输入,在训练过程中用学习到的隐藏层参数对输入进行加权,并将单个值输出到下一层。
- 输出层:tf.keras.layers.Dense-A,10 节点的 Softmax 层,每个节点表示一组服装。与前一层一样,每个节点从前一层的 128 个节点获取输入。每个节点根据学习到的参数对输入进行加权,然后在此范围内输出一个值。[0, 1] 表示图像属于该类的概率。所有 10 个节点值之和为 1。

接下来定义优化器和损失函数。

TensorFlow 2.0 提供了多种优化器,一般常用的是 SGD 与 ADAM。在本例中使用的是 ADAM 优化器,推荐读者在后续的实验中将其作为默认的优化器。

对于本例中的 FashionMNIST 分类,可以按模型计算的结果将其分解到不同的类别分布中,因此选择"交叉熵"作为对应的损失函数,代码如下:

```
model.compile(optimizer='adam', loss='sparse_categorical_crossentropy', metrics=['accuracy'])
```

在 compile 函数中,优化器 optimizer 为 adam,损失函数为 sparse_categorical_crossentropy 而不是传统的 categorical_crossentropy,这是因为 sparse_categorical_crossentropy 函数能够将输入的序列转化成与模型对应的分布函数,而无须手动调节,这样就可以在数据的预处理过程中较少占用显存和减少数据交互的时间。

当然,读者也可以使用 categorical_crossentropy "交叉熵"函数作为损失函数,不过需要在数据的预处理过程中加上 tf.one_hot 函数对标注的分布进行预处理。在本书中,笔者推荐读者使用 sparse_categorical_crossentropy 作为损失函数。

最后设置样本的轮次和 batch_size 的大小,可以根据不同的硬件配置进行不同的设置,代码如下:

```
batch_size = 256
train_dataset = train_dataset.repeat().shuffle(num_train_examples).batch(BATCH_SIZE)
test_dataset = test_dataset.batch(BATCH_SIZE)
```

最后一步就是模型对样本的训练,代码如下:

```
model.fit(train_dataset, epochs=5, steps_per_epoch=math.ceil(num_train_examples / batch_size))
```

完整的代码如下所示。

【程序 7-1】

```
import tensorflow_datasets as tfds
dataset,metadata = tfds.load('fashion_mnist',as_supervised=True, with_info=True)
train_dataset,test_dataset = dataset['train'],dataset['test']

model = tf.keras.Sequential([
        tf.keras.layers.Flatten(input_shape=(28,28,1)),        #输入层
        tf.keras.layers.Dense(256,activation=tf.nn.relu),      #隐藏层1
        tf.keras.layers.Dense(128,activation=tf.nn.relu),      #隐藏层2
        tf.keras.layers.Dense(10,activation=tf.nn.softmax)     #输出层
])

model.compile(optimizer='adam', loss='sparse_categorical_crossentropy',
```

```
metrics=['accuracy'])

    batch_size = 256
    train_dataset = train_dataset.repeat().shuffle(num_train_examples)
.batch(BATCH_SIZE)
    test_dataset = test_dataset.batch(BATCH_SIZE)

    model.fit(train_dataset, epochs=5, steps_per_epoch=math.ceil
(num_train_examples / batch_size))
```

读者可以在自己的计算机上运行这个程序,再查看一下这个程序的运行结果。

7.3 使用 Keras 对 FashionMNIST 数据集进行处理

Keras 作为 TensorFlow 2.0 强力推荐的高级 API,同样将 FashionMNIST 数据集作为了自带的数据集。在本节中,笔者将采用 Keras 包下载 FashionMNIST 数据集,并采用 model 结构建立模型、对数据进行处理。

7.3.1 获取数据集

获取数据集的代码如下:

```
import tensorflow as tf

fashion_mnist = tf.keras.datasets.fashion_mnist
(train_images, train_labels), (test_images, test_labels) =
fashion_mnist.load_data()

print("The shape of train_images is ",train_images.shape)
print("The shape of train_labels is ",train_labels.shape)

print("The shape of test_images is ",test_images.shape)
print("The shape of test_labels is ",test_labels.shape)
```

Keras 中的数据集 datasets 中包含 fashion_mnist 数据集,因此直接导入即可。与 tensorflow_dataset 数据集类似,也是直接从网上下载到本地计算机中,这个程序的运行结果如图 7.7 所示。

```
The shape of train_images is  (60000, 28, 28)
The shape of train_labels is  (60000,)
The shape of test_images is   (10000, 28, 28)
The shape of test_labels is   (10000,)
```

图 7.7　Keras 中的 FashionMNIST 数据集

7.3.2　数据集的调整

对于图形图像的识别和分类问题,优先选择卷积神经网络。在将数据输入到模型之前,需要将数据修正为符合卷积计算模型数据输入的格式,代码如下:

```
train_images = tf.expand_dims(train_images,axis=3)
test_images = tf.expand_dims(test_images,axis=3)

print(train_images.shape)
print(test_images.shape)
```

这段代码的运行结果如下:

```
(60000, 28, 28, 1)
(10000, 28, 28, 1)
```

7.3.3　使用 Python 类函数建立模型

如前文所述,分辨模型的建立是将图像进行了拉平(flatten)处理,再使用全连接层的参数对图像进行分类和识别。在本例中,笔者将使用 Keras API 中的二维卷积层对图像进行分类,代码如下:

```
self.cnn_1 = tf.keras.layers.Conv2D(32,3,padding="SAME",
activation=tf.nn.relu)
self.batch_norm_1 = tf.keras.layers.BatchNormalization()

self.cnn_2 = tf.keras.layers.Conv2D(64,3,padding="SAME",
activation=tf.nn.relu)
self.batch_norm_2 = tf.keras.layers.BatchNormalization()

self.cnn_3 = tf.keras.layers.Conv2D(128,3,padding="SAME",
activation=tf.nn.relu)
self.batch_norm_3 = tf.keras.layers.BatchNormalization()

self.last_dense = tf.keras.layers.Dense(10)
```

tf.keras.layers.Conv2D 是由若干个卷积层组成的二维卷积层,层中的每个卷积核从前一层的[3,3]大小的节点中获取输入,在训练过程中用学习到的隐藏层参数对输入进行加权,并将单个值输出到下一层。padding 是补全操作,经过卷积运算输入的图像,它的大小维度会发生变化,因此要通过 padding 操作对其进行补全。当然也可以不对其进行补全,由读者自行确定。

tf.keras.layers.Dense 的作用是对生成的图像分类,按要求分成 10 类。读者可能注意到了,直接使用全连接层作为分类器是无法实现的,因为输入数据经过卷积计算得到的结果是一个四维的矩阵,而分类器实际上是对二维的数据进行计算,请读者参考如下模型建立的代码。

模型的完整代码如下:

```
class FashionClassic:
    def __init__(self):

        #第一个卷积层
        self.cnn_1 = tf.keras.layers.Conv2D(32,3,activation=tf.nn.relu)
        self.batch_norm_1 = tf.keras.layers.BatchNormalization()      #正则化层

        #第二个卷积层
        self.cnn_2 = tf.keras.layers.Conv2D(64,3,activation=tf.nn.relu)
        self.batch_norm_2 = tf.keras.layers.BatchNormalization()      #正则化层

        #第三个卷积层
        self.cnn_3 = tf.keras.layers.Conv2D(128,3,activation=tf.nn.relu)
        self.batch_norm_3 = tf.keras.layers.BatchNormalization()      #正则化层

    #分类层
        self.last_dense = tf.keras.layers.Dense(10,activation=tf.nn.softmax)

    def __call__(self, inputs):
        img = inputs

        img = self.cnn_1(img)                                 #使用第一个卷积层
        img = self.batch_norm_1(img)                          #正则化

        img = self.cnn_2(img)                                 #使用第二个卷积层
        img = self.batch_norm_2(img)                          #正则化

        img = self.cnn_3(img)                                 #使用第三个卷积层
        img = self.batch_norm_3(img)                          #正则化

        img_flatten = tf.keras.layers.Flatten()(img)          #将数据拉平重新排列
        output = self.last_dense(img_flatten)                 #使用分类器进行分类

        return output
```

在这个代码段中,先使用 3 个卷积层和 3 个 batch_normalization 作为正则化层,之后调用 flatten 函数将数据拉平并重新排列以供分类器使用,由此解决了分类器数据输入的问题。

需要注意的是,笔者在代码中使用了"正统"的模型类定义方式,先生成了一个 FashionClassic 类,在 init 函数中对所有需要用到的层进行定义,而后在 __call__ 函数中对其进行调用。Python 类的定义和使用可能读者不是很熟悉,但是限于篇幅这里就不做更多的讲解了,请读者自行查阅相关资料。

7.3.4 模型的查看和参数的打印

下面是对模型的使用。TensorFlow 中提供了将模型进行组合和建立的函数，代码如下：

```
img_input = tf.keras.Input(shape=(28,28,1))
output = FashionClassic()(img_input)
model = tf.keras.Model(img_input,output)
```

与传统的 TensorFlow 类似，这里的 Input 函数创建一个占位符，提供了数据的输入口；之后直接调用分类函数获取占位符的输出结果，从而以虚拟方式实现一个类的完整形态；最后用 model 函数建立输入与输出的连接，从而建立一个完整的 TensorFlow 模型。

下一步是显示模型。TensorFlow 2.0 可以通过调用 Keras API 将模型的大概结构和参数打印出来，代码如下：

```
print(model.summary())
```

这条语句的打印结果如图 7.8 所示。

```
Layer (type)                 Output Shape              Param #
=================================================================
input_1 (InputLayer)         [(None, 28, 28, 1)]       0
_____
conv2d (Conv2D)              (None, 26, 26, 32)        320
_____
batch_normalization (BatchNo (None, 26, 26, 32)        128
_____
conv2d_1 (Conv2D)            (None, 24, 24, 64)        18496
_____
batch_normalization_1 (Batch (None, 24, 24, 64)        256
_____
conv2d_2 (Conv2D)            (None, 22, 22, 128)       73856
_____
batch_normalization_2 (Batch (None, 22, 22, 128)       512
_____
flatten (Flatten)            (None, 61952)             0
_____
dense (Dense)                (None, 10)                619530
=================================================================
Total params: 713,098
Trainable params: 712,650
```

图 7.8 模型的层次与参数

从模型层次的打印和参数的分布上来看，与在模型类中定义的分布一致，首先是输入端，之后分别连接 3 个卷积层和 batch_normalization 层作为特征提取的工具，再用 flatten 层将数据拉平，最后用全连接层对输入的数据进行分类处理。

除此之外，TensorFlow 2.0 还提供了图形化模型输入输出的函数，代码如下：

```
tf.keras.utils.plot_model(model)
```

这条语句的输出结果如图 7.9 所示。

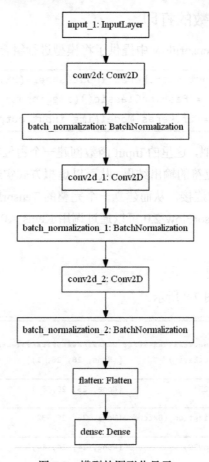

图 7.9 模型的图形化显示

该函数画出了模型的结构图,并保存成了图片。除了接收 TensorFlow 中 Keras 创建的模型作为参数之外,plot_model 函数还接收额外的两个参数:

- show_shapes:指定是否显示输出数据的形状,默认为 False。
- show_layer_names:指定是否显示层名称,默认为 True。

7.3.5 模型的训练和评估

这里使用和上一节类似的模型参数进行设置,唯一的区别就是自定义学习率,因为随着模型的变化,学习率也会变化,代码如下:

```
img_input = tf.keras.Input(shape=(28,28,1))
output = FashionClassic()(img_input)
model = tf.keras.Model(img_input,output)

model.compile(optimizer=tf.keras.optimizers.Adam(1e-4), loss=
tf.losses.sparse_categorical_crossentropy, metrics=['accuracy'])
model.fit(x=train_images,y=train_labels, epochs=10,verbose=2)
```

```
model.evaluate(x=test_images,y=test_labels,verbose=2)
```

在这段代码中分别使用了训练数据和测试数据，然后进行训练和验证，其中 epoch 为训练的轮数，而设置 verbose=2 表示要显示结果。完整的代码如下所示。

【程序 7-2】

```
import tensorflow as tf

fashion_mnist = tf.keras.datasets.fashion_mnist
(train_images, train_labels), (test_images, test_labels) =
fashion_mnist.load_data()

train_images = tf.expand_dims(train_images,axis=3)
test_images = tf.expand_dims(test_images,axis=3)

class FashionClassic:
    def __init__(self):

        self.cnn_1 = tf.keras.layers.Conv2D(32,3,activation=tf.nn.relu)
        self.batch_norm_1 = tf.keras.layers.BatchNormalization()

        self.cnn_2 = tf.keras.layers.Conv2D(64,3,activation=tf.nn.relu)
        self.batch_norm_2 = tf.keras.layers.BatchNormalization()

        self.cnn_3 = tf.keras.layers.Conv2D(128,3,activation=tf.nn.relu)
        self.batch_norm_3 = tf.keras.layers.BatchNormalization()

        self.last_dense = tf.keras.layers.Dense(10,activation=tf.nn.softmax)


    def __call__(self, inputs):
        img = inputs

        img = self.cnn_1(img)
        img = self.batch_norm_1(img)

        img = self.cnn_2(img)
        img = self.batch_norm_2(img)

        img = self.cnn_3(img)
        img = self.batch_norm_3(img)

        img_flatten = tf.keras.layers.Flatten()(img)
        output = self.last_dense(img_flatten)

        return output

if __name__ == "__main__":
```

```python
        img_input = tf.keras.Input(shape=(28,28,1))
        output = FashionClassic()(img_input)
        model = tf.keras.Model(img_input,output)

        model.compile(optimizer=tf.keras.optimizers.Adam(1e-4),
loss=tf.losses.sparse_categorical_crossentropy, metrics=['accuracy'])

        model.fit(x=train_images,y=train_labels, epochs=10,verbose=2)
        model.evaluate(x=test_images,y=test_labels)
```

训练和验证过程的输出如图 7.10 所示。

```
Train on 60000 samples
Epoch 1/10
60000/60000 - 15s - loss: 0.5301 - accuracy: 0.8537
Epoch 2/10
60000/60000 - 14s - loss: 0.2843 - accuracy: 0.9176
Epoch 3/10
60000/60000 - 14s - loss: 0.1899 - accuracy: 0.9425
Epoch 4/10
60000/60000 - 14s - loss: 0.1326 - accuracy: 0.9578
Epoch 5/10
60000/60000 - 14s - loss: 0.0994 - accuracy: 0.9676
Epoch 6/10
60000/60000 - 14s - loss: 0.0789 - accuracy: 0.9740
Epoch 7/10
60000/60000 - 14s - loss: 0.0597 - accuracy: 0.9809
Epoch 8/10
60000/60000 - 14s - loss: 0.0501 - accuracy: 0.9837
Epoch 9/10
60000/60000 - 14s - loss: 0.0399 - accuracy: 0.9865
Epoch 10/10
60000/60000 - 15s - loss: 0.0424 - accuracy: 0.9865
10000/10000 - 1s - loss: 0.5931 - accuracy: 0.9023
```

图 7.10　训练和验证过程的显示

可以看到训练的准确率上升得很快，仅仅经过 10 个周期后在验证集上准确率就达到了 0.9023，这是一个较好的成绩。

7.4 使用 TensorBoard 可视化训练过程

TensorBoard 是 TensorFlow 自带的一个强大的可视化工具，也是一个 Web 应用程序套件。在众多机器学习库中，TensorFlow 是目前唯一自带可视化工具的库，这也是 TensorFlow 的一大优势。学会使用 TensorBoard，可以构建复杂的模型。

TensorBoard 是集成在 TensorFlow 中自动安装的，基本上安装完 TensorFlow 1.x 或者 2.0，

TensorBoard 也已经默认安装好了，而且无论是 1.x 版本的 TensorBoard 还是 2.0 版本的 TensorBoard 都可以在 TensorFlow 2.0 下直接使用而无须进行调整。

TensorBoard 官方定义的 tf.keras.callbacks.TensorBoard 功能如下：

- 类 TensorBoard。
- 继承自 Callback。
- 定义在 tensorflow/python/keras/callbacks.py 中。
- TensorBoard 基本可视化。
- TensorBoard 是由 TensorFlow 提供的一个可视化工具。
- 此回调为 TensorBoard 编写日志。
- 训练和测试度量动态图形的可视化，模型中不同层的激活值之直方图的可视化。

7.4.1 TensorBoard 的文件夹设置

TensorBoard 实际上是将训练过程的数据存储并写入硬盘的类，因此需要按 TensorFlow 官方的定义生成存储文件夹。

图 7.11 所示是 TensorBoard 的文件存储架构，其中 logs 文件夹下的 train 文件夹中存放着以 events 开头的文件，这也是 TensorBoard 存储的文件类型。

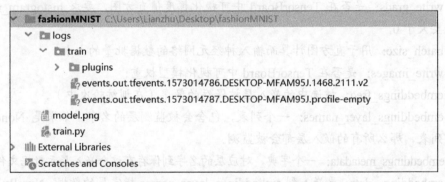

图 7.11 TensorBoard 的文件存储架构

在真实的模型训练中，logs 中的 train 文件夹是由 TensorBoard 函数在初始化过程中创建的，因此读者只需创建一个 logs 文件夹即可，如图 7.12 所示。

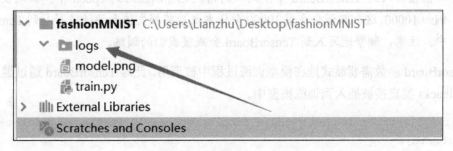

图 7.12 创建 logs 文件夹

logs 文件夹专用于存放 TensorBoard 在程序的运行过程中产生的日志文件。

7.4.2 显式地调用 TensorBoard

在 1.x 版本中,如果用户要使用 TensorBoard 对训练过程进行监督,就要显式地调用 TensorBoard 对加载数据,也就是先通过一些操作将数据记录到文件中再读取文件来完成绘图。

在 TensorFlow 2.0 中,为了结合 Keras 高级 API 的数据调用和使用方法,TensorBoard 被集成在 callbacks 函数中,用户可以自由地将其加载到训练的过程中并直观地观测模型的训练情况。

在 TensorFlow 2.0 中,调用 TensorBoard callbacks 的代码如下:

```
tensorboard = tf.keras.callbacks.TensorBoard(histogram_freq=1)
```

参数如下:

- log_dir:用来保存 TensorBoard 分析的日志文件之文件名。
- histogram_freq:对于模型中各个层计算激活值和模型权重直方图的频率(在训练轮次中)。如果设置成 0,直方图不会被计算。一定要明确指出直方图可视化的验证数据(或分离数据)。
- write_graph:是否在 TensorBoard 中可视化图像。如果 write_graph 被设置为 True,日志文件会变得非常大。
- write_grads:是否在 TensorBoard 中可视化梯度值直方图,要求 histogram_freq 必须要大于 0。
- batch_size:用于直方图计算而输入神经元网络的数据批量的大小。
- write_images:是否在 TensorBoard 中可视化模型权重。
- embeddings_freq:被选中的嵌入层被保存的频率(在训练轮次中)。
- embeddings_layer_names:一个列表,包含会被监测层的名字。如果是 None 或是空列表,那么所有的嵌入层都会被监测。
- embeddings_metadata:一个字典,对应层的名字到保存有这个嵌入层元数据文件的名字。
- embeddings_data:要嵌入到 embeddings_layer_names 指定层的数据,NumPy 数组(如果模型有单个输入)或 NumPy 数组列表(如果模型有多个输入)。
- update_freq:'batch'、'epoch'或整数。当使用 batch 时,在每个 batch 之后将损失值和评估值写入到 TensorBoard 中;同样的情况也可以应用到 epoch 中。如果使用整数,例如10000,这个回调会在每10000 个样本之后将损失值和评估值写入到 TensorBoard 中。注意,频繁地写入到 TensorBoard 会减缓我们的训练。

TensorBoard 函数需要显式地在模型训练过程中被调用,此时 TensorBoard 通过继承 Keras 中的 Callbacks 类直接被插入到训练模型中。

```
model.fit(x=train_images,y=train_labels, epochs=10,verbose=2,callbacks=[tensorboard])
```

这里调用了上一节中 FashionMNIST 训练过程中的 fit 函数,callbacks 将实例化的一个 Callbacks 类并显式地传递到训练模型中调用。

顺便说一句，callbacks 类的使用和实现不是 TensorBoard 中独有的类，不过在本例中只需记住有这个类即可。

【程序 7-3】

```
import tensorflow as tf

fashion_mnist = tf.keras.datasets.fashion_mnist
(train_images, train_labels), (test_images, test_labels) =
fashion_mnist.load_data()

train_images = tf.expand_dims(train_images,axis=3)
test_images = tf.expand_dims(test_images,axis=3)

class FashionClassic:
    def __init__(self):

        self.cnn_1 = tf.keras.layers.Conv2D(32,3,activation=tf.nn.relu)
        self.batch_norm_1 = tf.keras.layers.BatchNormalization()

        self.cnn_2 = tf.keras.layers.Conv2D(64,3,activation=tf.nn.relu)
        self.batch_norm_2 = tf.keras.layers.BatchNormalization()

        self.cnn_3 = tf.keras.layers.Conv2D(128,3,activation=tf.nn.relu)
        self.batch_norm_3 = tf.keras.layers.BatchNormalization()

        self.last_dense = tf.keras.layers.Dense(10,activation=tf.nn.softmax)


    def __call__(self, inputs):
        img = inputs

        conv_1 = self.cnn_1(img)
        conv_2 = self.batch_norm_1(conv_1)

        conv_2 = self.cnn_2(conv_2)
        conv_3 = self.batch_norm_2(conv_2)

        conv_3 = self.cnn_3(conv_3)
        conv_4 = self.batch_norm_3(conv_3)

        img_flatten = tf.keras.layers.Flatten()(conv_4)
        output = self.last_dense(img_flatten)

        return output


if __name__ == "__main__":
    img_input = tf.keras.Input(shape=(28,28,1))
    output = FashionClassic()(img_input)
```

```
    model = tf.keras.Model(img_input,output)

    model.compile(optimizer=tf.keras.optimizers.Adam(1e-4),
loss=tf.losses.sparse_categorical_crossentropy, metrics=['accuracy'])

    #初始化 TensorBoard
    tensorboard = tf.keras.callbacks.TensorBoard(histogram_freq=1)

    model.fit(x=train_images,y=train_labels,
epochs=10,verbose=2,callbacks=[tensorboard])
    model.evaluate(x=test_images,y=test_labels)        #显式调用 TensorBoard
```

程序的运行结果请读者参考上一节,这里就不再说明了。

7.4.3 使用 TensorBoard

TensorBoard 的使用需要分成 3 部分。

1. 第一步:确认 TensorBoard 生成完毕

模型训练完毕或者在训练的过程中,TensorBoard 会在 logs 文件夹下生成对应的数据存储文件,如图 7.13 所示。

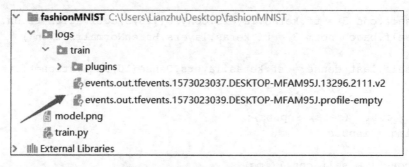

图 7.13　TensorBoard 文件的存储

2. 第二步:在终端输入 TensorBoard 启动命令

启动 CMD 命令行终端,如图 7.14 所示。

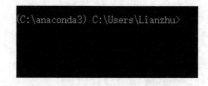

图 7.14　启动 CMD 命令行终端

然后输入如下命令:

```
tensorboard --logdir=/full_path_to_your_logs/train
```

也就是显式地调用 TensorBoard 在对应的位置(见图 7.15)打开存储的数据文件,如图 7.16 所示。

第 7 章 TensorFlow Datasets 和 TensorBoard 详解

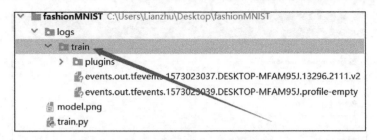

图 7.15 TensorBoard 存储的位置

图 7.16 调用 TensorBoard 的位置

在核对完命令行的 TensorBoard 启动命令后，若 CMD 命令行终端显示出如图 7.17 所示的值，则可确定 TensorBoard 启动完毕。

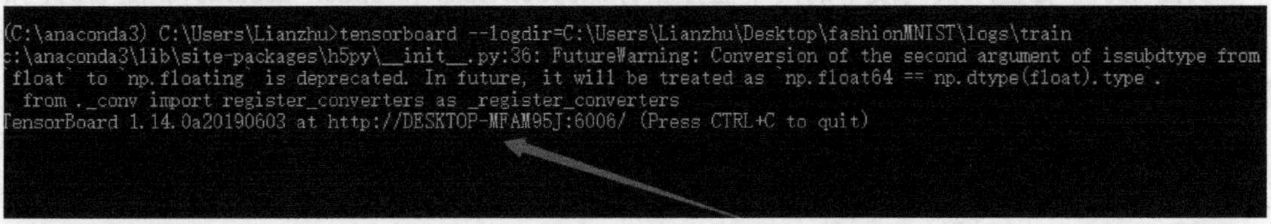

图 7.17 TensorBoard 在 CMD 命令行终端启动后的输出值

可以看到，此时 TensorBoard 自动启动了一个端口为 6006 的 HTTP 地址，而地址名就是本机地址，可以用 localhost 代替。

3. 第三步：在浏览器中查看 TensorBoard

一般使用 Chrome 核心的浏览器都可以对 TensorBoard 进行浏览。笔者使用 QQ 浏览器打开 TensorBoard，输入的地址如下：

```
http://localhost:6006
```

打开的页面如图 7.18 所示。

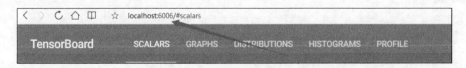

图 7.18 打开的 TensorBoard 页面

在打开的页面中有若干个标题，比如 SCALARS、GRAPHS、DISTRIBUTIONS、HISTOGRAMS、PROFILE 等。其中，SCALARS 是按命名空间划分的监控数据，形式如图 7.19 所示。

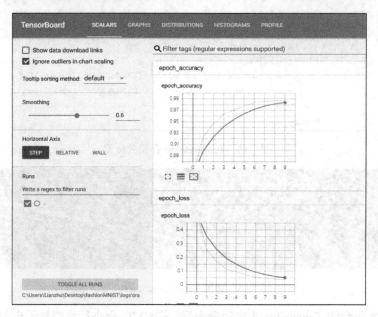

图 7.19　监控数据

页面显示了在程序代码段中的两个监控指标：epoch_loss 和 epoch_accuracy。随着时间的变换，loss 逐步减少，accuracy 逐步增加。在图 7.19 中，横坐标表示训练次数，纵坐标表示标量的具体值。从图中可以看出，随着训练次数的增加，损失函数的值是在逐步减小的。

TensorBoard 左侧工具栏上的 Smoothing 表示在绘图时对图像进行平滑处理。这样做的目的是为了更好地显示参数的整体变化趋势。不进行平滑处理的话，有些曲线波动很大，难以看出趋势。其中，0 表示不进行平滑处理，1 表示进行最大平滑处理，默认值为 0.6。

选择页面上的"GRAPHS"页签会显示出整个模型图的架构，如图 7.20 所示。

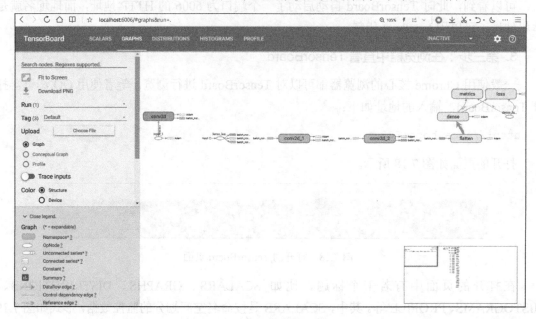

图 7.20　整个模型图的架构

相对于 Keras 中的模型图和参数，TensorBoard 更进一步显示出模型架构的细节，从模型的每个节点可以看到该节点输入和输出的数据，如图 7.21 所示。

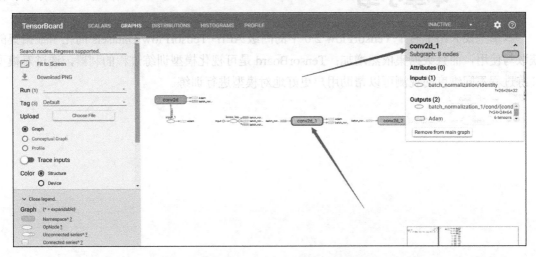

图 7.21　展开 TensorBoard 节点看到的细节

另外，还可以选择图像颜色的两种模式：基于结构的模式，相同的节点会有同样的颜色；基于硬件的模式，同一个硬件上会有相同的颜色。

选择页面上的"DISTRIBUTIONS"页签会显示出神经元输出的分布，有激活函数之前的分布、激活函数之后的分布等，如图 7.22 所示。

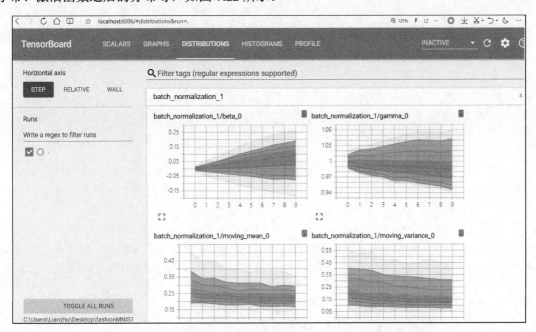

图 7.22　选择"DISTRIBUTIONS"显示出神经元输出的分布

页面上剩下的"页签"分别是分布和统计方面的一些模型信息，请有兴趣的读者可以自行查阅。

7.5 本章小结

本章主要介绍了两个 TensorFlow 2.0 中的高级 API：TensorFlow Datasets 简化了数据集的获取与使用，而且数据集依然增加；TensorBoard 是可视化模型训练过程的利器，通过对模型训练过程不同维度的观测可以帮助用户更好地对模型进行训练。

第 8 章
从冠军开始：ResNet

随着 VGG 网络模型的成功，更深、更宽、更复杂的网络似乎成为卷积神经网络搭建的主流。卷积神经网络能够用来提取所侦测对象的低、中、高特征，网络层数越多，能够提取到不同层次的特征就越丰富。通过还原镜像发现越深的网络提取的特征越抽象，越具有语义信息。

这也产生了一个非常大的疑问，是否可以仅仅增加神经网络模型的深度和宽度，即只使用更多的隐藏层和增加每个层中的神经元就能获得更好的结果吗？答案是不可能。因为根据实验发现，随着卷积神经网络层数的加深，似乎出现了另外一个问题，即在训练集上准确率难以达到 100%正确，甚至产生了下降。

这似乎不能简单地解释为卷积神经网络的性能下降，因为卷积神经网络加深的基础理论就是越深越好。如果强行解释为产生了"过拟合"似乎也不能够解释准确率下降的问题，因为如果产生了过拟合，那么在训练集上卷积神经网络应该表现得更好才对。

这个问题被称为"神经网络退化"。

神经网络退化问题的产生说明了卷积神经网络不能够被简单地使用堆积层数的方法进行优化！

2015 年，152 层深的 ResNet 横空出世，不仅取得了当年 ImageNet 竞赛冠军，相关论文也在 CVPR 2016 斩获最佳论文奖。ResNet 成为视觉乃至整个 AI 界的一个经典。ResNet 使得训练深达数百甚至数千层的网络成为可能，而且性能仍然优异。

本章将主要介绍 ResNet 及其变种。后面章节介绍的 attention 模块也是基于 ResNet 模型的添加，因此本章非常重要。

让我们站在巨人的肩膀上，从冠军开始！

提　示
ResNet 非常简单。

8.1 ResNet 基础原理与程序设计基础

ResNet 的出现彻底改变了 VGG 系列所带来的固定思维，破天荒地提出了采用模块化的思维来替代整体的卷积层，通过一个个模块的堆叠来替代不断增加的卷积层。对 ResNet 的研究和不断改进就成为过去几年中计算机视觉和深度学习领域最具突破性的工作。由于其表征能力强，因此 ResNet 在图像分类任务之外的许多计算机视觉应用上也取得了巨大的性能提升，例如对象检测和人脸识别。

8.1.1 ResNet 诞生的背景

卷积神经网络的实质就是无限拟合一个符合对应目标的函数。根据泛逼近定理（Universal Approximation Theorem），如果给定足够的容量，一个单层的前馈网络就足以表示任何函数。但是，这个层可能是非常大的，而且这样的神经网络容易出现过拟合。因此，学术界有一个共同的认识，就是网络架构需要更深。

但是，研究发现只是简单地将层堆叠在一起，增加网络的深度并不会起太大作用。这是由于难搞的梯度消失（Vanishing Gradient）问题，深层的网络很难训练。因为梯度反向传播到前一层，重复相乘可能使梯度无穷小。结果就是，随着网络的层数更深，其性能趋于饱和，甚至开始迅速下降，如图 8.1 所示。

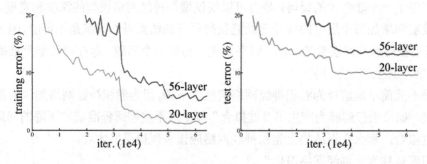

图 8.1　网络层数和性能的关系

在 ResNet 之前，已经出现好几种处理梯度消失问题的方法，但是没有一种方法能够真正解决这个问题。在何恺明等人于 2015 年发表的论文《用于图像识别的深度残差学习》（Deep Residual Learning for Image Recognition）中，认为堆叠的层不应该降低网络的性能，可以简单地在当前网络上堆叠映射层（不处理任何事情的层），并且所得到的架构性能不变。

$$f'(x) = \begin{cases} x \\ f(x) + x \end{cases}$$

即当 $f(x)$ 为 0 时，$f'(x)$ 等于 x，而当 $f(x)$ 不为 0，所获得的 $f'(x)$ 性能要优于单纯的输入 x。公式表明，较深的模型所产生的训练误差不应比较浅的模型的误差更高。假设让堆叠的层拟合一个残差映射（Residual Mapping）要比让它们直接拟合所需的底层映射更容易。

从图 8.2 可以看到，残差映射同传统的直接相连的卷积网络相比，最大的变化是加入了一个恒等映射层 $y = x$ 层，它的主要作用是使得网络随着深度的变化增加，而不会产生权重衰减和梯度衰减或者消失这些问题。

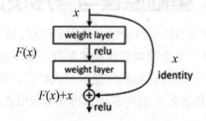

图 8.2　残差框架模块

其中，$F(x)$ 表示的是残差，$F(x) + x$ 是最终的映射输出，因此可以得到网络的最终输出为 $H(x) = F(x) + x$。由于网络框架中有 2 个卷积层和 2 个 relu 函数，因此最终的输出结果可以表示为：

$$H_1(x) = relu_1(w_1 \times x)$$
$$H_2(x) = relu_2(w_2 \times h_1(x))$$
$$H(x) = H_2(x) + x$$

其中，H_1 是第一层的输出，而 H_2 是第二层的输出。这样使得当输入与输出有相同维度时，可以使用直接输入的形式将数据传递到框架输出层的结果中。

VGGNet19，34 层普通结构的神经网络和 34 层的 ResNet 模型的整体结构图的比较如图 8.3 所示。

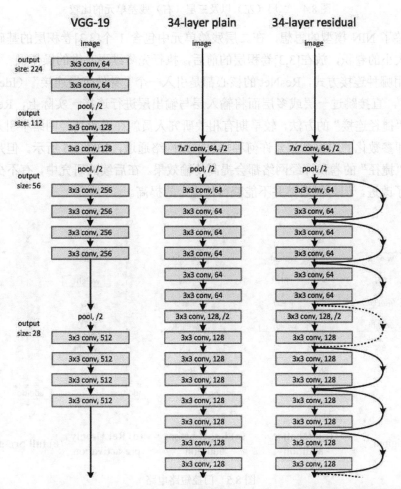

图 8.3 VGGNet19，34 层普通结构的神经网络和 34 层的 ResNet 模型整体结构图的比较

图 8.3 展示了 VGGNet19、一个 34 层的普通结构神经网络和一个 34 层的 ResNet 网络的对比图。通过验证可知，在使用了 ResNet 的结构后可以发现层数不断加深导致的训练集上误差增大的现象被消除了，ResNet 网络的训练误差会随着层数增大而逐渐减小，并且在测试集

上的表现也会变好。

除了用以讲解的二层残差学习单元，实际上更多的是使用[1,1]结构的三层残差学习单元，如图 8.4 所示。

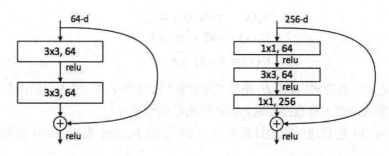

图 8.4　二层（左）以及三层（右）残差单元的比较

这是借鉴了 NIN 模型的思想，在二层残差单元中包含 1 个[3,3]卷积层的基础上，更包含了 2 个[1,1]大小的卷积，放在[3,3]卷积层的前后，执行先降维再升维的操作。

无论采用哪种连接方式，ResNet 的核心都是引入一个"身份捷径连接"（Identity Shortcut Connection），直接跳过一层或多层而将输入层与输出层进行连接。实际上，ResNet 并不是第一个利用"捷径连接"的方法，较早期有相关研究人员就在卷积神经网络中引入了"门控短路电路"，即参数化的门控系统允许何种信息通过网络通道，如图 8.5 所示。但是，并不是所有的加入了"捷径"的卷积神经网络都会提高传输效果。在后续的研究中，有不少研究人员对残差块进行了改进，但是很遗憾并不能获得性能上的提高。

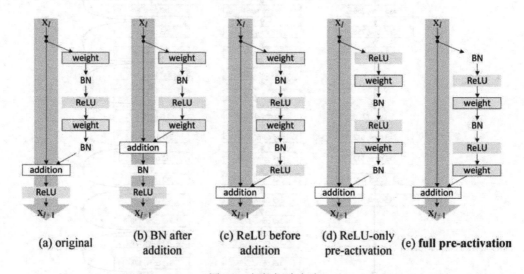

图 8.5　门控短路电路

注　意
目前（a）图性能最好。

8.1.2 模块工具的 TensorFlow 实现——不要重复发明轮子

工欲善其事，必先利其器。在工作之前，需要准备好相关的程序设计工具。这里笔者所指的工具是指那些已经设计好结构直接可以使用的部分。

最重要的是卷积核的创建方法。从模型上看，这里所需要更改的内容很少，即卷积核的大小、输出通道数以及所定义的卷积层的名称，代码如下：

```
tf.keras.layers.Conv2D
```

这里直接调用了 TensorFlow 2.0 中对卷积层的实现，只需要输入对应的卷积核数目、卷积核大小以及补全方式即可。

除此之外，还有一个非常重要的方法，就是获取数据的 batch_normalization，即使用批量正则化对数据进行处理，代码如下：

```
tf.keras.layers.BatchNormalization
```

其他的还有最大池化层，代码如下：

```
tf.keras.layers.MaxPool2D
```

以及平均池化层：

```
tf.keras.layers.AveragePooling2D
```

这些基本都是在模型单元中所需要使用的部分。有了这些工具，可以直接构建 ResNet 模型单元。

8.1.3 TensorFlow 高级模块 layers 的用法

上一小节中笔者使用自定义的方法实现了 ResNet 模型的功能单元，能够极大地帮助神经网络的搭建工作，而且不止于 ResNet 网络模型，基本结构的模块化编写还包括任何其他神经网络的搭建。

TensorFlow 2.0 同样提供了原生的可供直接使用的卷积神经网络模块 layers。这是用于深度学习更高层次封装的 API，利用它程序设计者可以轻松地构建模型。

表 8.1 列出了 layers 封装好的多种卷积神经网络 API，无论是上一节中自定义的 conv2D 还是 BatchNormalization 都有自定义好的模块以及多种池化层。

表 8.1 多种卷积神经网络 API

名称	说明
Input(…)	用于实例化一个输入 Tensor，作为神经网络的输入
average_pooling1d(…)	一维平均池化层
average_pooling2d(…)	二维平均池化层
average_pooling3d(…)	三维平均池化层
batch_normalization(…)	批量标准化层
conv1d(…)	一维卷积层

(续表)

名称	说明
conv2d(…)	二维卷积层
conv2d_transpose(…)	二维反卷积层
conv3d(…)	三维卷积层
conv3d_transpose(…)	三维反卷积层
dense(…)	全连接层
dropout(…)	Dropout 层
flatten(…)	Flatten 层,即把一个 Tensor 展平
max_pooling1d(…)	一维最大池化层
max_pooling2d(…)	二维最大池化层
max_pooling3d(…)	三维最大池化层
separable_conv2d(…)	二维深度可分离卷积层

1. convolution 简介

实际上 layers 中提供了多个卷积的实现方法,例如 conv1d()、conv2d()、conv3d()(分别代表一维、二维、三维卷积),conv2d_transpose()、conv3d_transpose()(分别代表二维和三维反卷积),以及 separable_conv2d()方法(代表二维深度可分离卷积)。这里以 conv2d()方法为例进行说明。

```
def __init__(self,
    filters,
    kernel_size,
    strides=(1, 1),
    padding='valid',
    data_format=None,
    dilation_rate=(1, 1),
    activation=None,
    use_bias=True,
    kernel_initializer='glorot_uniform',
    bias_initializer='zeros',
    kernel_regularizer=None,
    bias_regularizer=None,
    activity_regularizer=None,
    kernel_constraint=None,
    bias_constraint=None,
    **kwargs):
```

参数说明如下:

- filters: 必需,是一个数字,代表了输出通道的个数,即 output_channels。
- kernel_size: 必需,卷积核大小,必须是一个数字(高和宽都是此数字)或者长度为 2 的列表(分别代表高、宽)。

- strides: 可选，默认为(1,1)，卷积步长，必须是一个数字（高和宽都是此数字）或者长度为 2 的列表（分别代表高、宽）。
- padding: 可选，默认为 valid，padding 的模式，有 valid 和 same 两种，不区分字母大小写。
- data_format: 可选，默认 channels_last，分为 channels_last 和 channels_first 两种模式，代表了输入数据的维度类型。如果是 channels_last，那么输入数据的 shape 为 (batch,height,width,channels)，如果是 channels_first，那么输入数据的 shape 为 (batch,channels,height,width)。
- dilation_rate: 可选，默认为(1,1)，卷积的扩张率，当扩张率为 2 时，卷积核内部就会有边距，3×3 的卷积核就会变成 5×5。
- activation: 可选，默认为 None，如果为 None 则是线性激活。
- use_bias: 可选，默认为 True，设置是否使用偏置。
- kernel_initializer: 可选，默认为 None，即权重的初始化方法；如果为 None，则使用默认的 Xavier 初始化方法。
- bias_initializer: 可选，默认为零值初始化，即偏置的初始化方法。
- kernel_regularizer: 可选，默认为 None，施加在权重上的正则项。
- bias_regularizer: 可选，默认为 None，施加在偏置上的正则项。
- activity_regularizer: 可选，默认为 None，施加在输出上的正则项。
- kernel_constraint: 可选，默认为 None，施加在权重上的约束项。
- bias_constraint: 可选，默认为 None，施加在偏置上的约束项。
- trainable：可选，默认为 True，布尔类型，如果为 True，则将变量添加到 GraphKeys.TRAINABLE_VARIABLES 中。
- name: 可选，默认为 None，卷积层的名称。
- reuse: 可选，默认为 None，布尔类型，如果为 True，那么 name 相同时会重复利用。
- 返回值：卷积后的 Tensor。

使用方法与自定义的卷积层方法类似，这里通过一个小例子予以说明。

【程序 8-1】

```
import tensorflow as tf
#自定义输入数据
xs = tf.random.truncated_normal(shape=[50, 32, 32, 32])
#使用二维卷积进行计算
out = tf.keras.layers.Conv2D(64,3,padding="SAME")(xs)
print(out.shape)
```

例子中首先定义了一个[50, 32, 32, 32]的输入数据，之后传给 conv2d 函数，filter 是输出的维度，设置成 32，而选择的卷积核大小为 3×3，strides 为步进距离，这里采用的是 1 个步进距离，同时这也是默认的步进设置。padding 为补全设置，这里设置为根据卷积核大小对输入

值进行补全。输入结果如下:

$$(50, 32, 32, 64)$$

此时如果将 strides 设置成[2,2],结果如下:

$$(50, 16, 16, 64)$$

当然此时的 padding 也可以变化,读者可以将其设置成 VALID。

顺便说一句,在 TensorFlow 中,如果 padding 被设置成 SAME,其实是先对输入数据进行补全再进行卷积计算。

此外,还可以传入激活函数,或者设定 kernel 的格式化方式,或者对 bias 进行禁用等,请读者自行尝试。

```
out = tf.keras.layers.Conv2D(64,3,strides=[2,2],padding="SAME",
activation=tf.nn.relu)(xs)
```

2. batch_normalization 简介

batch_normalization 是目前最常用的数据标准化方法,也是批量标准化方法。输入数据经过处理之后能够显著加速训练速度并且减少过拟合出现的可能性。

```
def __init__(self,
axis=-1,
momentum=0.99,
epsilon=1e-3,
center=True,
scale=True,
beta_initializer='zeros',
gamma_initializer='ones',
moving_mean_initializer='zeros',
moving_variance_initializer='ones',
beta_regularizer=None,
gamma_regularizer=None,
beta_constraint=None,
gamma_constraint=None,
renorm=False,
renorm_clipping=None,
renorm_momentum=0.99,
fused=None,
trainable=True,
virtual_batch_size=None,
adjustment=None,
name=None,
**kwargs):
```

参数说明如下：

- axis：可选，默认为-1，即进行标注化操作时操作数据的哪个维度。
- momentum：可选，默认为 0.99，即动态均值的动量。
- epsilon：可选，默认为 0.01，大于 0 的小浮点数，用于防止除 0 错误。
- center：可选，默认为 True，若设为 True，则会将 beta 作为偏置加上去，否则忽略参数 beta。
- scale：可选，默认为 True，若设为 True，则会乘以 gamma，否则不使用 gamma；当下一层是线性的时候，可以设为 False，因为 scaling 的操作将被下一层执行。
- beta_initializer：可选，默认为 zeros_initializer，即 beta 权重的初始化方法。
- gamma_initializer：可选，默认为 ones_initializer，即 gamma 的初始化方法。
- moving_mean_initializer：可选，默认为 zeros_initializer，即动态均值的初始化方法。
- moving_variance_initializer：可选，默认为 ones_initializer，即动态方差的初始化方法。
- beta_regularizer：可选，默认为 None，beta 的正则化方法。
- gamma_regularizer：可选，默认为 None，gamma 的正则化方法。
- beta_constraint：可选，默认为 None，加在 beta 上的约束项。
- gamma_constraint：可选，默认为 None，加在 gamma 上的约束项。
- training：可选，默认为 False，返回结果是 training 模式。
- trainable：可选，默认为 True，布尔类型，如果为 True，则将变量添加到 GraphKeys.TRAINABLE_VARIABLES 中。
- name：可选，默认为 None，层名称。
- fused：可选，默认为 None，根据层名判断是否重复利用。
- renorm：可选，默认为 False，是否要用 BatchRenormalization。
- renorm_clipping：可选，默认为 None，是否要用 rmax、rmin、dmax。
- renorm_momentum：可选，默认为 0.99，用来更新动态均值和标准差的 Momentum 值。
- fused：可选，默认为 None，是否使用一个更快的、融合的实现方法。
- virtual_batch_size：可选，默认为 None，是一个 int 数字，指定一个虚拟 batchsize。
- adjustment：可选，默认为 None，对标准化后的结果进行适当调整的方法。

用法也很简单，直接在 tf.layers.batch_normalization 函数中输入 xs 即可。

【程序 8-2】

```
import tensorflow as tf
#自定义输入数据
xs = tf.random.truncated_normal(shape=[50, 32, 32, 32])
out = tf.keras.layers.BatchNormalization()(xs)
print(out.shape)
```

输出结果如下：

```
(50, 32, 32, 32)
```

3. dense 简介

dense 是全连接层，layers 中提供了一个专门的函数来实现此操作，即 tf.layers.dense，其结构如下：

```
def __init__(self,
    units,
    activation=None,
    use_bias=True,
    kernel_initializer='glorot_uniform',
    bias_initializer='zeros',
    kernel_regularizer=None,
    bias_regularizer=None,
    activity_regularizer=None,
    kernel_constraint=None,
    bias_constraint=None,
    **kwargs):
```

参数说明如下：

- units：必需，即神经元的数量。
- activation：可选，默认为 None，如果为 None 则是线性激活。
- use_bias：可选，默认为 True，是否使用偏置。
- kernel_initializer：可选，默认为 None，即权重的初始化方法。
- bias_initializer：可选，默认为零值初始化，即偏置的初始化方法。
- kernel_regularizer：可选，默认为 None，施加在权重上的正则项。
- bias_regularizer：可选，默认为 None，施加在偏置上的正则项。
- activity_regularizer：可选，默认为 None，施加在输出上的正则项。
- kernel_constraint，可选，默认为 None，施加在权重上的约束项。
- bias_constraint，可选，默认为 None，施加在偏置上的约束项。

【程序 8-3】

```
import tensorflow as tf
import tensorflow as tf
#自定义输入数据
xs = tf.random.truncated_normal(shape=[50, 32, 32, 32])
out_1 = tf.keras.layers.Dense(32)(xs)
print(out.shape)
```

这里 xs 为输入数据，units 为输出层次，结果如下：

```
(50, 32, 32, 32)
```

这里指定了输出层的维度为 32，因此输出结果为[50,32,32,32]，可以看到输出结果的最后一维度等于神经元的个数。

除此之外，还可以仿照卷积层的设置对激活函数以及初始化的方式进行定义：

```
dense = tf.layers.dense(xs,units=10,activation=tf.nn.sigmoid,use_bias=False)
```

4. pooling 简介

pooling 即池化。layers 模块提供了多个池化方法，这几个池化方法都是类似的，包括 max_pooling1d()、max_pooling2d()、max_pooling3d()、average_pooling1d()、average_pooling2d()、average_pooling3d()，代表一维、二维、三维"最大"和"平均"池化方法。这里以常用的 avg_pooling2d 为例进行讲解。

```
def __init__(self,
    pool_size=(2, 2),
    strides=None,
    padding='valid',
    data_format=None,
    **kwargs):
```

参数说明如下：

- pool_size: 必需，池化窗口大小，必须是一个数字（高和宽都是此数字）或者长度为 2 的列表（分别代表高、宽）。
- strides: 必需，池化步长，必须是一个数字（高和宽都是此数字）或者长度为 2 的列表（分别代表高、宽）。
- padding: 可选，默认为 valid，padding 的方法，有 valid 和 same 两种选项，不区分字母大小写。
- data_format: 可选，默认为 channels_last，分为 channels_last 和 channels_first 两种模式，代表输入数据的维度类型。如果是 channels_last，那么输入数据的 shape 为 (batch,height,width,channels)；如果是 channels_first，那么输入数据的 shape 为 (batch,channels,height,width)。
- name: 可选，默认为 None，池化层的名称。
- 返回值：经过池化处理后的 Tensor。

【程序 8-4】

```
import tensorflow as tf
#自定义输入数据
xs = tf.random.truncated_normal(shape=[50, 32, 32, 32])
out = tf.keras.layers.AveragePooling2D(strides=[1,1])(xs)
print(out.shape)
```

这里对输入值设置了以[2,2]为大小的均值核，步进为[1,1]。补全方式为 SAME，即通过补

0 的方式对输入数据进行补全。结果如下：

(50, 31, 31, 32)

5. layers 模块应用实例

下面使用一个例子来对数据进行说明。

【程序 8-5】

```
import tensorflow as tf
#自定义输入数据
xs = tf.random.truncated_normal(shape=[50, 32, 32, 32])
out = tf.keras.layers.MaxPool2D(strides=[1,1])(xs)
out = tf.keras.layers.Conv2D(filters=32,kernel_size =
[2,2],padding="SAME")(out)
out = tf.keras.layers.BatchNormalization()(xs)
out = tf.keras.layers.Flatten()(out)
logits = tf.keras.layers.Dense(10)(out)
print(logits.shape)
```

这里创建了一个[50,32,32,32]维度的数据值，先对其进行最大池化，之后进行 strides 为[2,2]的卷积，采用的激活函数为 relu，再进行 batch_normalization 批量正则化，flatten 是对输入的数据进行平整化，输出为一个和 batch 符合的二维向量，最后再进行全连接计算，输出最后的维度。

(50, 10)

如果将所有模块存放在一个模型中也是可以的，代码如程序 8-6 所示。

【程序 8-6】

```
import tensorflow as tf
#自定义输入数据
xs = tf.keras.Input( [32, 32, 32])
out = tf.keras.layers.MaxPool2D(strides=[1,1])(xs)
out = tf.keras.layers.Conv2D(filters=32,kernel_size =
[2,2],padding="SAME")(xs)
out = tf.keras.layers.BatchNormalization()(xs)
out = tf.keras.layers.Add()([out,xs])
out = tf.keras.layers.Flatten()(out)
logits = tf.keras.layers.Dense(10)(out)
model = tf.keras.Model(inputs=xs, outputs=logits)
print(model.summary())
```

这个程序打印的模型结构信息如图 8.6 所示。

```
Model: "model"
_____
Layer (type)                    Output Shape         Param #     Connected to
=================================================================================
input_1 (InputLayer)            [(None, 32, 32, 32)] 0
_____
batch_normalization (BatchNorma (None, 32, 32, 32)   128         input_1[0][0]
_____
add (Add)                       (None, 32, 32, 32)   0           batch_normalization[0][0]
                                                                 input_1[0][0]
_____
flatten (Flatten)               (None, 32768)        0           add[0][0]
_____
dense (Dense)                   (None, 10)           327690      flatten[0][0]
=================================================================================
Total params: 327,818
Trainable params: 327,754
Non-trainable params: 64
```

图 8.6 程序 8-6 的运行结果

可以看到，构建好了一个小型残差网络。与前面打印的模型结构不同的是，这个模型是多个类与层的串联，因此还标注出了连接点。

8.2 ResNet 实战：CIFAR-100 数据集分类

本节将使用 ResNet 实战中 CIFAR-100 数据集的分类。

8.2.1 CIFAR-100 数据集

该数据集共有 60000 张彩色图像（见图 8.7），这些图像是 32×32 像素，分为 100 个类，每类 6000 张图。这里面有 50000 张用于训练，构成了 5 个训练批量数据，每一批 10000 张图；另外 10000 张用于测试，单独构成一批。测试批量的数据取自 100 类中的每一类，每一类随机取 1000 张。抽剩下的就随机排列组成训练批量数据。注意，一个训练批量数据中的各类图像的数量并不一定相同，总的来看训练批量中每一类都有 5000 张图。

图 8.7 CIFAR-100 数据集

CIFAR-100 下载地址为:

http://www.cs.toronto.edu/~kriz/cifar.html

进入下载地址后,有选择下载的方式,如图 8.8 所示。

Version	Size	md5sum
CIFAR-100 python version	161 MB	eb9058c3a382ffc7106e4002c42a8d85
CIFAR-100 Matlab version	175 MB	6a4bfa1dcd5c9453dda6bb54194911f4
CIFAR-100 binary version (suitable for C programs)	161 MB	03b5dce01913d631647c71ecec9e9cb8

图 8.8 下载方式

由于 TensorFlow 采用的开发语言是 Python 语言,因此选择下载 "python version"。下载之后解压缩这个文件,得到如图 8.9 所示的几个文件。

文件名	日期	类型	大小
batches.meta	2009/3/31/周二 ...	META 文件	1 KB
data_batch_1	2009/3/31/周二 ...	文件	30,309 KB
data_batch_2	2009/3/31/周二 ...	文件	30,308 KB
data_batch_3	2009/3/31/周二 ...	文件	30,309 KB
data_batch_4	2009/3/31/周二 ...	文件	30,309 KB
data_batch_5	2009/3/31/周二 ...	文件	30,309 KB
readme.html	2009/6/5/周五 4:...	Firefox HTML D...	1 KB
test_batch	2009/3/31/周二 ...	文件	30,309 KB

图 8.9 解压缩后得到的文件

data_batch_1 ~ data_batch_5 是划分好的训练数据,每个文件里包含 10000 张图片;test_batch 是测试集数据,也包含 10000 张图片。

读取数据的代码段如下:

```
import pickle
def load_file(filename):
    with open(filename, 'rb') as fo:
        data = pickle.load(fo, encoding='latin1')
    return data
```

定义读取数据的函数,这几个文件都是通过 pickle 产生的,所以在读取的时候也要用到这个包。这里面返回的 data 是一个字典,先看看这个字典里面都有哪些主键。

```
data = load_file('data_batch_1')
print(data.keys())
```

输出结果如下:

```
dict_keys(['batch_label', 'labels', 'data', 'filenames'])
```

具体说明如下:

- batch_label：对应的值是一个字符串，用来表明当前文件的一些基本信息。
- labels：对应的值是一个长度为 10000 的列表，每个数字取值范围为 0~9，代表当前图片所属类别。
- data：10000 * 3072 的二维数组，每一行代表一张图片的像素值。
- filenames：长度为 10000 的列表，里面每一项是代表图片文件名的字符串。

整体的数据读取函数如下所示。

【程序 8-7】

```
import pickle
import numpy as np
import os
def get_cifar100_train_data_and_label(root = ""):
    def load_file(filename):
        with open(filename, 'rb') as fo:
            data = pickle.load(fo, encoding='latin1')
        return data
    data_batch_1 = load_file(os.path.join(root, 'data_batch_1'))
    data_batch_2 = load_file(os.path.join(root, 'data_batch_2'))
    data_batch_3 = load_file(os.path.join(root, 'data_batch_3'))
    data_batch_4 = load_file(os.path.join(root, 'data_batch_4'))
    data_batch_5 = load_file(os.path.join(root, 'data_batch_5'))
    dataset = []
    labelset = []
    for data in [data_batch_1,data_batch_2,data_batch_3,data_batch_4,data_batch_5]:
        img_data = (data["data"])
        img_label = (data["labels"])
        dataset.append(img_data)
        labelset.append(img_label)
    dataset = np.concatenate(dataset)
    labelset = np.concatenate(labelset)
    return dataset,labelset
def get_cifar100_test_data_and_label(root = ""):
    def load_file(filename):
        with open(filename, 'rb') as fo:
            data = pickle.load(fo, encoding='latin1')
        return data
    data_batch_1 = load_file(os.path.join(root, 'test_batch'))
    dataset = []
    labelset = []
    for data in [data_batch_1]:
        img_data = (data["data"])
        img_label = (data["labels"])
        dataset.append(img_data)
        labelset.append(img_label)
    dataset = np.concatenate(dataset)
    labelset = np.concatenate(labelset)
```

```
        return dataset,labelset

    def get_CIFAR100_dataset(root = ""):
        train_dataset,label_dataset = get_cifar10_train_data_and_label
(root=root)
        test_dataset,test_label_dataset = get_cifar10_test_data_and_label
(root=root)
        return  train_dataset,label_dataset,test_dataset,test_label_dataset
    if __name__ == "__main__":
        get_CIFAR100_dataset(root="../cifar-10-batches-py/")
```

其中的 root 函数是下载数据解压后的根目录，os.join 函数将其组合成数据文件的位置。最终返回训练文件和测试文件以及对应的 label。

8.2.2 ResNet 残差模块的实现

ResNet 网络结构在上文中已经做了介绍，其突破性地使用"模块化"思维去对网络进行叠加，使得模块内部特征的传递不会丢失。

从图 8.10 可以看到，模块的内部实际上是 3 个卷积通道相互叠加，形成了一种瓶颈设计。对于每个残差模块，使用 3 层卷积。这 3 层分别是 1×1、3×3 层和 1×1 的卷积层，其中 1×1 层负责先减少后增加（恢复）尺寸的，使 3×3 层具有较小的输入/输出尺寸瓶颈。

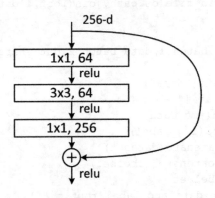

图 8.10　模块的内部

实现的瓶颈 3 层卷积结构的代码段如下：

```
    conv = tf.keras.layers.Conv2D(out_dim/4,kernel_size=1,padding="SAME",
activation=tf.nn.relu)(input_xs)
    conv = tf.keras.layers.BatchNormalization()(conv)
    conv = tf.keras.layers.Conv2D(out_dim/4,kernel_size=3,padding="SAME",
activation=tf.nn.relu)(conv)
    conv = tf.keras.layers.BatchNormalization()(conv)
    conv = tf.keras.layers.Conv2D(out_dim,kernel_size=1,padding="SAME",
activation=tf.nn.relu)(conv)
```

这里输入的数据首先经过 conv2d 卷积层计算，输出四分之一的维度，这是为了降低输入

第 8 章 从冠军开始：ResNet

数据的整个数据量，为进行下一层的[3,3]的计算打下基础。可以人为地为每层添加一个对应的名称，但是基于前文对模型的分析，TensorFlow 2.0 会自动地为每个层中的参数分配一个递增的名称，因此这个工作可以交给 TensorFlow 2.0 完成。batch_normalization 和 relu 分别为批处理层和激活层。

在对数据进行传递的过程中，ResNet 模块使用了称为"捷径"（Shortcut）的"信息高速公路"。"捷径"连接相当于简单执行了同等映射，不会产生额外的参数，也不会增加计算复杂度（见图 8.11），而且整个网络仍可通过端到端的反向传播训练。代码如下：

```
conv = tf.keras.layers.Conv2D(out_dim/4,kernel_size=1,padding="SAME",
activation=tf.nn.relu)(input_xs)
conv = tf.keras.layers.BatchNormalization()(conv)
conv = tf.keras.layers.Conv2D(out_dim/4,kernel_size=3,padding="SAME",
activation=tf.nn.relu)(conv)
conv = tf.keras.layers.BatchNormalization()(conv)
conv = tf.keras.layers.Conv2D(out_dim,kernel_size=1,padding="SAME",
activation=tf.nn.relu)(conv)
out = tf.keras.layers.Add()([input_xs,out])
```

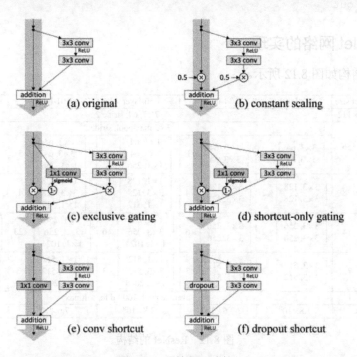

图 8.11 "捷径"连接

说 明
有兴趣的读者可以自行完成，这里采用的是直联的方式，也就是图 a 的 original 模式。

有的时候，除了判定是否对输入数据进行处理外，ResNet 在实现的过程中会对数据的维度进行改变，因此当输入的维度和要求模型输出的维度不相同（input_channel 不等于 out_dim）

169

时，需要对输入数据的维度进行补全（padding）操作。

顺带提一下，tf.pad 函数是对数据进行补全操作，第二个参数是一个序列，分别代表向对应的维度进行双向补全操作。首先计算输出层与输入层在第四个维度上的差值，除 2 的操作是将差值分成 2 份，在上、下分别进行补全操作。当然也可以在一个方向上进行补全。

ResNet 残差模型的整体如下：

```
def identity_block(input_tensor,out_dim):
    conv1 = tf.keras.layers.Conv2D(out_dim // 4, kernel_size=1, padding="SAME", activation=tf.nn.relu)(input_tensor)
    conv2 = tf.keras.layers.BatchNormalization()(conv1)
    conv3 = tf.keras.layers.Conv2D(out_dim // 4, kernel_size=3, padding="SAME", activation=tf.nn.relu)(conv2)
    conv4 = tf.keras.layers.BatchNormalization()(conv3)
    conv5 = tf.keras.layers.Conv2D(out_dim, kernel_size=1, padding="SAME")(conv4)
    out = tf.keras.layers.Add()([input_tensor, conv5])
    out = tf.nn.relu(out)
    return out
```

8.2.3 ResNet 网络的实现

ResNet 的结构如图 8.12 所示。

layer name	output size	18-layer	34-layer	50-layer	101-layer	152-layer
conv1	112×112	\multicolumn{5}{c}{7×7, 64, stride 2}				
conv2_x	56×56	\multicolumn{5}{c}{3×3 max pool, stride 2}				
conv2_x	56×56	[3×3, 64; 3×3, 64]×2	[3×3, 64; 3×3, 64]×3	[1×1, 64; 3×3, 64; 1×1, 256]×3	[1×1, 64; 3×3, 64; 1×1, 256]×3	[1×1, 64; 3×3, 64; 1×1, 256]×3
conv3_x	28×28	[3×3, 128; 3×3, 128]×2	[3×3, 128; 3×3, 128]×4	[1×1, 128; 3×3, 128; 1×1, 512]×4	[1×1, 128; 3×3, 128; 1×1, 512]×4	[1×1, 128; 3×3, 128; 1×1, 512]×8
conv4_x	14×14	[3×3, 256; 3×3, 256]×2	[3×3, 256; 3×3, 256]×6	[1×1, 256; 3×3, 256; 1×1, 1024]×6	[1×1, 256; 3×3, 256; 1×1, 1024]×23	[1×1, 256; 3×3, 256; 1×1, 1024]×36
conv5_x	7×7	[3×3, 512; 3×3, 512]×2	[3×3, 512; 3×3, 512]×3	[1×1, 512; 3×3, 512; 1×1, 2048]×3	[1×1, 512; 3×3, 512; 1×1, 2048]×3	[1×1, 512; 3×3, 512; 1×1, 2048]×3
	1×1	\multicolumn{5}{c}{average pool, 1000-d fc, softmax}				
FLOPs		$1.8×10^9$	$3.6×10^9$	$3.8×10^9$	$7.6×10^9$	$11.3×10^9$

图 8.12 ResNet 的结构

上面一共提出了 5 种深度的 ResNet，分别是 18、34、50、101 和 152，其中所有的网络都分成 5 部分，分别是 conv1、conv2_x、conv3_x、conv4_x、conv5_x。

下面笔者将实现这个模型。需要说明的是，ResNet 完整的实现需要高性能的显卡，因此笔者在写作时对其进行了修改，去掉了池化（pooling）层，并降低了每次 filter 的数目和每层的层数，这点请读者注意。

1. conv_1

```
input_xs = tf.keras.Input(shape=[32,32,3])
conv_1 = tf.keras.layers.Conv2D(filters=64,kernel_size=3,padding="SAME",activation=tf.nn.relu)(input_xs)
```

最上层是模型的输入层,定义了输入的维度,这里使用一个卷积核为[7,7]、步进为[2,2]大小的卷积作为第一层。

2. conv_2

```
out_dim = 64
identity_1 = tf.keras.layers.Conv2D(filters=out_dim, kernel_size=3, padding="SAME", activation=tf.nn.relu)(conv_1)
identity_1 = tf.keras.layers.BatchNormalization()(identity_1)
for _ in range(3):
    identity_1 = identity_block(identity_1,out_dim)
```

第二层使用的是多个[3,3]大小的卷积核,之后接了3个残差核心。

3. conv_3

```
out_dim = 128
identity_2 = tf.keras.layers.Conv2D(filters=out_dim, kernel_size=3, padding="SAME", activation=tf.nn.relu)(identity_1)
identity_2 = tf.keras.layers.BatchNormalization()(identity_2)
for _ in range(4):
    identity_2 = identity_block(identity_2,out_dim)
```

4. conv_4

```
out_dim = 256
identity_3 = tf.keras.layers.Conv2D(filters=out_dim, kernel_size=3, padding="SAME", activation=tf.nn.relu)(identity_2)
identity_3 = tf.keras.layers.BatchNormalization()(identity_3)
for _ in range(6):
    identity_3 = identity_block(identity_3,out_dim)
```

5. conv_5

```
out_dim = 512
identity_4 = tf.keras.layers.Conv2D(filters=out_dim, kernel_size=3, padding="SAME", activation=tf.nn.relu)(identity_3)
identity_4 = tf.keras.layers.BatchNormalization()(identity_4)
for _ in range(3):
    identity_4 = identity_block(identity_4,out_dim)
```

6. class_layer

最后一层是分类层,在经典的ResNet中由一个全连接层作为分类器,代码如下:

```
flat = tf.keras.layers.Flatten()(identity_4)
flat = tf.keras.layers.Dropout(0.217)(flat)
dense = tf.keras.layers.Dense(1024,activation=tf.nn.relu)(flat)
dense = tf.keras.layers.BatchNormalization()(dense)
logits = tf.keras.layers.Dense(100,activation=tf.nn.softmax)(dense)
```

这里首先使用 reduce_mean 作为全局池化层，之后接的卷积层将其压缩到分类的大小，softmax 是最终的激活函数，为每层对应的类别进行分类处理。

最终的全部函数如下所示。

```
import tensorflow as tf
def identity_block(input_tensor,out_dim):
    conv1 = tf.keras.layers.Conv2D(out_dim // 4, kernel_size=1, padding="SAME", activation=tf.nn.relu)(input_tensor)
    conv2 = tf.keras.layers.BatchNormalization()(conv1)
    conv3 = tf.keras.layers.Conv2D(out_dim // 4, kernel_size=3, padding="SAME", activation=tf.nn.relu)(conv2)
    conv4 = tf.keras.layers.BatchNormalization()(conv3)
    conv5 = tf.keras.layers.Conv2D(out_dim, kernel_size=1, padding="SAME")(conv4)
    out = tf.keras.layers.Add()([input_tensor, conv5])
    out = tf.nn.relu(out)
    return out
def resnet_Model(n_dim = 10):
    input_xs = tf.keras.Input(shape=[32,32,3])
    conv_1 = tf.keras.layers.Conv2D(filters=64,kernel_size=3,padding="SAME", activation=tf.nn.relu)(input_xs)
    """--------第一层----------"""
    out_dim = 64
    identity_1 = tf.keras.layers.Conv2D(filters=out_dim, kernel_size=3, padding="SAME", activation=tf.nn.relu)(conv_1)
    identity_1 = tf.keras.layers.BatchNormalization()(identity_1)
    for _ in range(3):
        identity_1 = identity_block(identity_1,out_dim)
    """--------第二层----------"""
    out_dim = 128
    identity_2 = tf.keras.layers.Conv2D(filters=out_dim, kernel_size=3, padding="SAME", activation=tf.nn.relu)(identity_1)
    identity_2 = tf.keras.layers.BatchNormalization()(identity_2)
    for _ in range(4):
        identity_2 = identity_block(identity_2,out_dim)
    """--------第三层----------"""
    out_dim = 256
    identity_3 = tf.keras.layers.Conv2D(filters=out_dim, kernel_size=3,
```

```
padding="SAME", activation=tf.nn.relu)(identity_2)
        identity_3 = tf.keras.layers.BatchNormalization()(identity_3)
        for _ in range(6):
            identity_3 = identity_block(identity_3,out_dim)
        """--------第四层----------"""
        out_dim = 512
        identity_4 = tf.keras.layers.Conv2D(filters=out_dim, kernel_size=3,
padding="SAME", activation=tf.nn.relu)(identity_3)
        identity_4 = tf.keras.layers.BatchNormalization()(identity_4)
        for _ in range(3):
            identity_4 = identity_block(identity_4,out_dim)
        flat = tf.keras.layers.Flatten()(identity_4)
        flat = tf.keras.layers.Dropout(0.217)(flat)
        dense = tf.keras.layers.Dense(2048,activation=tf.nn.relu)(flat)
        dense = tf.keras.layers.BatchNormalization()(dense)
        logits = tf.keras.layers.Dense(100,activation=tf.nn.softmax)(dense)
        model = tf.keras.Model(inputs=input_xs, outputs=logits)
        return model
    if __name__ == "__main__":
        resnet_model = resnet_Model()
        print(resnet_model.summary())
```

8.2.4 使用 ResNet 对 CIFAR-100 数据集进行分类

前面我们介绍了 CIFAR-100 数据集的下载，TensorFlow 2.0 中也自带了相关的数据集 CIFAR-100。本节将使用 TensorFlow 2.0 自带的数据集对 CIFAR-100 进行分类。

1. 第一步：数据集的获取

TensorFlow 2.0 自带了数据的读取函数，代码如下：

```
path = "./dataset/cifar-100-python"
from tensorflow.python.keras.datasets.cifar import load_batch
fpath = os.path.join(path, 'train')
x_train, y_train = load_batch(fpath, label_key='fine' + '_labels')
fpath = os.path.join(path, 'test')
x_test, y_test = load_batch(fpath, label_key='fine' + '_labels')

x_train = tf.transpose(x_train,[0,2,3,1])
y_train = np.float32(tf.keras.utils.to_categorical(y_train,num_classes=100))
x_test = tf.transpose(x_test,[0,2,3,1])
y_test = np.float32(tf.keras.utils.to_categorical(y_test,num_classes=100))
```

读者可以自行学习验证数据的读取。需要提醒的一点是，对于不同的数据集，其维度的结构有所区别。此外，关于数据集打印的维度为(60000,3,32,32)，并不符合传统使用的

(60000,32,32,3)的普通维度格式，因此需要对其进行调整。

之后需要将数据打包整合成能够被编译的格式，在这里使用的是 TensorFlow 2.0 自带的 data API，代码如下：

```
batch_size = 48
train_data = tf.data.Dataset.from_tensor_slices((x_train,y_train)).shuffle(batch_size*10).batch(batch_size).repeat(3)
```

2. 第二步：模型的导入和编译

导入模型并设定优化器和损失函数的代码如下：

```
import resnet_model
model = resnet_model.resnet_Model()
model.compile(optimizer=tf.optimizers.Adam(1e-2), loss=tf.losses.categorical_crossentropy,metrics = ['accuracy'])
model.fit(train_data, epochs=10)
```

3. 第三步：模型的计算

全部的代码如下所示。

【程序 8-8】

```
import tensorflow as tf
import os
import numpy as np
path = "./dataset/cifar-100-python"
from tensorflow.python.keras.datasets.cifar import load_batch
fpath = os.path.join(path, 'train')
x_train, y_train = load_batch(fpath, label_key='fine' + '_labels')
fpath = os.path.join(path, 'test')
x_test, y_test = load_batch(fpath, label_key='fine' + '_labels')
x_train = tf.transpose(x_train,[0,2,3,1])
y_train = np.float32(tf.keras.utils.to_categorical(y_train, num_classes=100))
x_test = tf.transpose(x_test,[0,2,3,1])
y_test = np.float32(tf.keras.utils.to_categorical(y_test,num_classes=100))
batch_size = 48
train_data = tf.data.Dataset.from_tensor_slices((x_train,y_train)).shuffle(batch_size*10).batch(batch_size).repeat(3)
import resnet_model
model = resnet_model.resnet_Model()
model.compile(optimizer=tf.optimizers.Adam(1e-2), loss=tf.losses.categorical_crossentropy,metrics = ['accuracy'])
model.fit(train_data, epochs=10)
score = model.evaluate(x_test, y_test)
```

```
print("last score:",score)
```

根据不同的硬件设备对模型的具体参数和训练集的 batch_size 做出调整，具体请根据需要进行设置。

8.3 ResNet 的兄弟——ResNeXt

大家对一层一层堆叠的网络形成思维惯性的时候，shortcut（捷径）的思想是跨越性的，即使网络层级叠加到 100 层，运算量却和 16 层的 VGG 差不多，精度提高一个档次，而且模块性、可移植性很强。

8.3.1 ResNeXt 诞生的背景

随着研究的继续深入以及 ResNet 的加深，研究人员开始在增加网络的"宽度"上进行探究。神经网络的标准范式就符合这样的分割-转换-合并（Split-Transform-Merge）模式。以一个最简单的普通神经元为例（比如 dense 中的每个神经元），如图 8.13 所示。

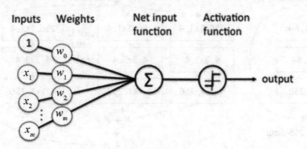

图 8.13 神经元

简单地解释一下，就是对输入的数据进行权重乘积，求和后经过一个激活函数，因此神经网络又可以由公式表示为：

$$f(x) = \sum_{n=1}^{m} w(x_i)$$

ResNet 的公式表示则为：

$$w(x) = x + \sum_{n=1}^{n} T(x_i)$$

公式中 T 函数可理解为 ResNet 中的任意通路"模块"，x 为数据的 shortcut，n 为模块中通路的个数。原始 ResNet 使用的残差单元如图 8.14 所示。

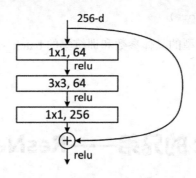

图 8.14 原始 ResNet 使用的残差单元

可以简单地理解为,随着 n 的增加、"通路"增加能够带来方程 $w(x)$ 值的增加,即使单个增加的幅度很小,求和后也一样可以带来效果的改善,即在每个 ResNet 模块中增加通路个数。

这也是 ResNeXt 产生的初衷。

如图 8.15 所示,左边是 ResNet 的基本结构,右边是 ResNeXt 的基本结构。

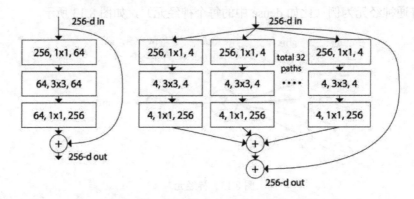

图 8.15 ResNet 和 ResNeXt 的基本结构

将右图的结构对比公式可以看到,$w(x)$ 是 32 组同样结构的变化,求和以后与输入端的 shortcut(见图 8.16)进行二次叠加。

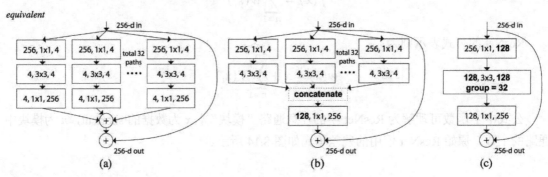

图 8.16 shortcut

更进一步对 ResNeXt 进行更改，如果将输入的[1,1]卷积层合并在一起，减少通道数，最终还是会形成经典的 ResNet 的结构，因此也可以认为经典的 ResNet 即为 ResNeXt 的一个特殊结构。

8.3.2 ResNeXt 残差模块的实现

从上一节的分析可以看到，ResNeXt 实际上就是更换了更为普遍的残差模块的 ResNet，而残差模块的更改实质上是将一个连接通道在模块内部增加为 32 个，这里笔者使用图 8.17 中的 b 模型架构实现 ResNeXt。

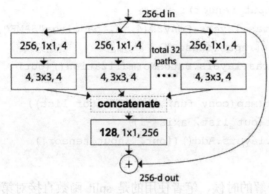

图 8.17 模型架构

1. 第一步

TensorFlow 提供了对数据的分块函数 split，代码如下：

```
input_tensor_list = tf.split(input_tensor, num_or_size_splits=64, axis=3)
```

num_or_size_splits 是对划分的参数进行设置，value 是输入值，axis 确定划分的数据维度。这里先将输入的数据进行划分：

```
[batch,img_H,img_W,256]  →  [batch,img_H,img_W,32]
```

2. 第二步

将输入后的数据输送到卷积层开始进行卷积计算，代码如下：

```
def conv_fun(input_tensor):
    out = tf.keras.layers.Conv2D(4, 3, padding="SAME",activation=tf.nn.relu)(input_tensor)
    out = tf.keras.layers.BatchNormalization()(out)
    return out
out_list = list(map(conv_fun, input_tensor_list))
```

笔者在这里采用的是 map 函数，在每个卷积分块上做[3,3]大小的卷积，并加上 batch_normalization 和 relu 层。

3. 第三步

将计算后的卷积层进行重新叠加，叠加选择的是第四个维度，即第一步拆分的维度。代码如下：

```
out = tf.concat(out_list, axis=-1)
```

这样就重新将数据予以组合。

完整的残差模块代码如下：

```
def identity_block(input_tensor):
    input_tensor_list = tf.split(input_tensor, num_or_size_splits=64, axis=3)
    def conv_fun(input_tensor):
        out = tf.keras.layers.Conv2D(4, 3, padding="SAME", activation=tf.nn.relu)(input_tensor)
        out = tf.keras.layers.BatchNormalization()(out)
        return out
    out_list = list(map(conv_fun, input_tensor_list))
    out = tf.concat(out_list, axis=-1)
    out = tf.keras.layers.Add()([out, input_tensor])
    return out
```

在对输入数据进行分解的时候，笔者使用的是 split 函数直接对第四维进行拆解。有兴趣的读者可以在此步调整转换方法，即提供一个卷积来对数据维度进行降解。

8.3.3 ResNeXt 网络的实现

仿照 ResNet，ResNeXt 也使用叠加残差模块的基本结构，对每个层级都做相同的转换，如图 8.18 所示。

stage	output	ResNet-50		ResNeXt-50 (32×4d)	
conv1	112×112	7×7, 64, stride 2		7×7, 64, stride 2	
conv2	56×56	3×3 max pool, stride 2		3×3 max pool, stride 2	
		1×1, 64 3×3, 64 1×1, 256	×3	1×1, 128 3×3, 128, C=32 1×1, 256	×3
conv3	28×28	1×1, 128 3×3, 128 1×1, 512	×4	1×1, 256 3×3, 256, C=32 1×1, 512	×4
conv4	14×14	1×1, 256 3×3, 256 1×1, 1024	×6	1×1, 512 3×3, 512, C=32 1×1, 1024	×6
conv5	7×7	1×1, 512 3×3, 512 1×1, 2048	×3	1×1, 1024 3×3, 1024, C=32 1×1, 2048	×3
	1×1	global average pool 1000-d fc, softmax		global average pool 1000-d fc, softmax	
# params.		25.5×10^6		25.0×10^6	
FLOPs		4.1×10^9		4.2×10^9	

图 8.18 叠加残差模块

这里仿照 ResNet 的方法对残差模块进行叠加计算，主要有 4 个模块，依次对第四个维度进行提升。限于篇幅关系，这里笔者只实现一个小的 ResNeXt 网络，剩下的部分请读者自行补全。

代码如下：

```python
import tensorflow as tf
def identity_block(input_tensor):
    input_tensor_list = tf.split(input_tensor, num_or_size_splits=64, axis=3)

    def conv_fun(input_tensor):
        out = tf.keras.layers.Conv2D(4, 3, padding="SAME", activation=tf.nn.relu)(input_tensor)
        out = tf.keras.layers.BatchNormalization()(out)
        return out

    out_list = list(map(conv_fun, input_tensor_list))
    out = tf.concat(out_list, axis=-1)
    out = tf.keras.layers.Add()([out, input_tensor])
    return out

def resnetXL_Model():
    input_xs = tf.keras.Input(shape=[32,32,3])
    conv_1 = tf.keras.layers.Conv2D(filters=64,kernel_size=3,padding="SAME",activation=tf.nn.relu)(input_xs)

    """--------第一层----------"""
    out_dim = 256
    identity = tf.keras.layers.Conv2D(filters=out_dim, kernel_size=3, padding="SAME", activation=tf.nn.relu)(conv_1)
    identity = tf.keras.layers.BatchNormalization()(identity)
    for _ in range(7):
        identity = identity_block(identity)

    """--------第二层----------"""
    ……

        """--------第三层----------"""
    ……

    conv = tf.keras.layers.Conv2D(100,kernel_size=32,activation=tf.nn.relu)(identity)
    logits = tf.nn.softmax(tf.squeeze(conv,[1,2]))
```

```
model = tf.keras.Model(inputs=input_xs, outputs=logits)

return model
```

这里笔者只实现了第一层，更多的层数请读者参照 ResNet 模型进行学习。

8.3.4　ResNeXt 和 ResNet 的比较

通过实验对比（见图 8.19）可以看到，ResNeXt 无论是在 50 层还是 101 层，准确度都大大好于 ResNet。这里笔者总结了相关的结论：

- ResNeXt 与 ResNet 在参数个数相同的情况下，训练时前者错误率更低，两者的下降速度差不多。
- 参数相同的情况下，增加残差模块比增加卷积个数更加有效。
- 101 层的 ResNeXt 比 200 层的 ResNet 更好。

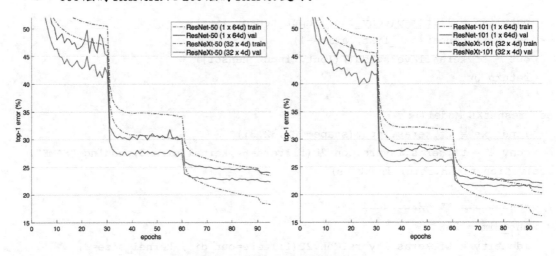

图 8.19　对比 ResNeXt 和 ResNet

8.4　本章小结

本章是一个起点，让读者站在巨人的肩膀上，从冠军开始！

ResNet 和 ResNeXt 开创了一个时代，开天辟地地改变人们仅仅依靠堆积神经网络层来获取更高性能的做法，在一定程度上解决了梯度消失和梯度爆炸的问题。这是一项跨时代的发明。

当简单的堆积神经网络层的做法失效时，人们开始采用模块化的思想设计神经网络，同时在不断"加宽"模块的内部通道。但是，当这些能够做的方法以及被挖掘穷尽后是否有新的方法能够更进一步提升卷积神经网络的效果呢？

Attention！（注意力！）

Attention is all we need！（注意力我们所需要的！）

第 9 章

注意力机制

在深度学习发展的今天,搭建能够具备注意力机制的神经网络则开始显得更加重要,一方面是这种神经网络能够自主学习注意力机制,另一方面是注意力机制能够反过来帮助我们去理解神经网络看到的世界。

本章就从"注意力"的概念讲起,进而延伸到两个注意力模型——SENet 和 CBAM。

9.1 何为"注意力"

注意力机制简单的理解就是用"对焦"的方式关注所要观察的事物和对象。

对焦的实现是采用"掩码"的方式来形成的。通过在原图片上覆盖一层新的经过权重标注后的图像,将图片中的特征强调地标出,通过神经网络的反复训练,加强了这部分权重特征,从而让计算机学到每一张图片中需要重点关注的区域,从而形成"注意力",如图 9.1 所示。

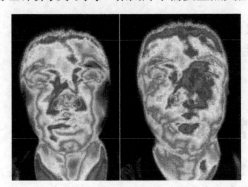
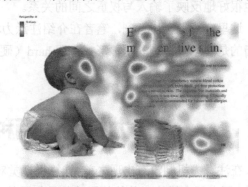

图 9.1 注意力的"脑中成像"

注意力机制通常由一个连接在原神经网络之后的额外神经网络来实现,整个模型仍然是端对端的,因此注意力模块能够和原模型一起同步训练。对于柔性注意力,注意力模块对其输入是可微分的,所以整个模型仍可用梯度方法来优化。

假设每个神经网络的层输出是一个结构化的表示:

$$c = \{c_1, c_2, c_3, \ldots, c_n\}$$

其中,集合 c 中的每个元素代表输入信息中某个空间向量进入下一个神经网络层进行运算。

例如，一个分解后的图像特征如图 9.2 所示。

图 9.2 分解后的图像特征

注意力机制就是在上一层的输出向量之上叠加了一个新的函数，用来对层次之间的输出进行权重计算。

$$Att_i^t = f_{Att}(Z_i, c_i)$$

这里的 f 函数指的就是在层次输出之上叠加的注意力权重模型。可以认为注意力（Attention）模型实际上就是叠加在不同卷积层之间的一个额外的权重模型，这个权重模型通过给定或者待训练的参数给图形向量打分，好像是一个预处理的权重计算过程，作用就是告诉下一层的神经网络哪些向量比较重要、哪些不重要。这也就是"注意力"的参数权重表达形式，这个对应关系也很好地反映了输入与权重之间的关系。

这里有读者会注意到，笔者在介绍注意力权重的时候使用的是"给定"或"待训练"。这里指的是注意力机制的两种形式，即 hard（硬性）和 soft（软性）模式。

9.2 注意力机制的两种常见形式

在注意力机制没有出现之前，计算机视觉对图像的处理总是对所有模块分配同样的注意力权重，图中每个模块对整体的影响都是相同的，没有任何区别。这种模型被称为"分心"模型。

从图 9.3 中可以看到，对于计算机视觉来说就是两只鸟和两朵花，没有任何区别。在更为细节的划分时，鸟身上的羽毛和花朵上的斑点并不一致，这样就决定了虽然图片看起来很相似，都属于同一个类别，但是其细节不同，图中的物体也并不一样。

图 9.3　不同的关注点

9.2.1　Hard Attention（硬性注意力）

注意力机制实质上就是在输出和输入层之间加上一个"权重蒙版"，可以强迫神经网络关注人们所要求其关注的特定图像内容，而忽略其他不相干的内容。这种"硬性关注"的模式称为 Hard Attention。

"权重蒙版"是一个采用人工固定的矩阵向量（实际上根据采样概率对每个位置权重进行设定），这样做的好处是可以强迫计算机视觉关注设计人员要求其关注的部分，而减少其他部分的影响。这样做对于采样不同的图片是没有效果的，甚至会起到相反的作用。

原因是采用人工固定的矩阵向量在计算中是不可微分的，也就是无法通过神经网络对其参数值进行更新。

9.2.2　Soft Attention（软性注意力）

使用 Hard Attention 对采样不同的图片无法起到加强注意力的作用，于是 Soft Attention 应运而生。Soft Attention 实际上就是在不同的卷积层之间叠加了一个可以被微分（能够接受梯度反向传播）的权重矩阵，通过卷积神经网络或单独作为一项训练任务的权重模型来训练，并将训练值叠加在输入与输出之间。

本章和后续的章节将以 Soft Attention 为重点介绍相关内容。

9.3　注意力机制的两种实现形式

Spatial Attention（空间注意力）与 Channel Attention（通道注意力）分别是从图像表面和维数方面施加注意力机制，如图 9.4 所示。

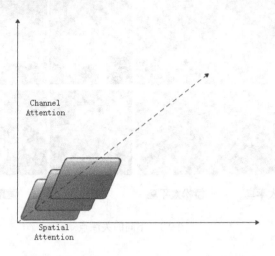

图 9.4　Spatial Attention 和 Channel Attention

9.3.1　Spatial Attention（空间注意力）

Spatial Attention（空间注意力）的理解非常简单，即在输入图像的基础上叠加一个可以被微分、能够接受模型梯度反向传播的权重矩阵，矩阵的作用是与输入图像的特征值进行矩阵计算。

图 9.5 中是一个常见的 Spatial Attention，对输入的特征图像进行多重采样后，与卷积处理后的原图像进行乘法计算，输出最终值。

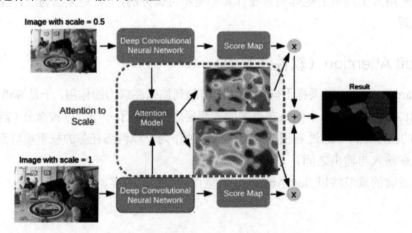

图 9.5　分解后的 Spatial Attention 示意图

下面是一个输出 Spatial Attention 的例子，注意例子和图没有关系。

```
def spatial_attention(input_xs):
    _, h, w, c = input_xs.get_shape().as_list()
    spatial_attention_fm = tf.keras.layers.Dense(1)(tf.reshape(input_xs, [-1, c]))
    spatial_attention_fm = tf.nn.sigmoid(tf.reshape(spatial_attention_fm, [-1,
```

```
w * h]))
        attention = tf.reshape(tf.concat([spatial_attention_fm] * c, axis=1), [-1,
h, w, c])
        attended_fm = attention * input_xs
        return attended_fm
```

9.3.2 Channel Attention（通道注意力）

Channel Attention（通道注意力）指的是在维度通道的基础上对图像进行加权计算，对于不同的通道特征，每个维度也给予一个强行被设计的注意力模型，从而影响输出，如图9.6所示。

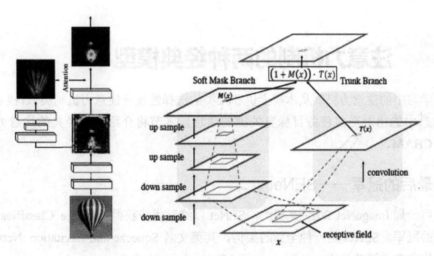

图 9.6 分解后的 Channel Attention 示意图

下面是一个 Channel Attention 模块的例子，观察一下用法即可：

```
def channel_attention(input_xs):
    _, h, w, c = input_xs.get_shape().as_list()
    transpose_feature_map = tf.transpose(tf.reduce_mean(input_xs, [1, 2],
keepdims=True), perm=[0, 3, 1, 2])
    channel_wise_attention_fm = tf.layers. Dense
(c)(tf.reshape(transpose_feature_map, [-1, c]))
    channel_wise_attention_fm = tf.nn.sigmoid(channel_wise_attention_fm)
    attention = tf.reshape(tf.concat([channel_wise_attention_fm] * (h * w),
axis=1), [-1, h, w, c])
    attended_fm = attention * input_xs
    return attended_fm
```

从例子中可以看到，无论是在 Spatial 还是在 Channel 上都可以添加注意力机制，其作用是对输入的图像进行二次采样（见图9.7），对所针对的目标进行强化。

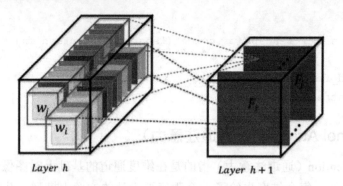

图 9.7 注意力的作用

9.4 注意力机制的两种经典模型

深度学习中的注意力机制从本质上讲和人类的选择性视觉注意力机制类似，核心目标也是从众多信息中选出对当前任务目标更关键的信息。本节将介绍两个经典的注意力模型，即 SENet 和 CBAM。

9.4.1 最后的冠军——SENet

在最后一届 ImageNet 2017 竞赛上，SENet 以绝对优势获得了 Image Classification（图像分类）组的冠军。SENet 是一种全新的架构，其英文名 Squeeze-and-Excitation Networks 描述了这个架构非常关键的操作——Squeeze and Excitation。

SENet 中并没有引入一个新的空间维度，而是显式地建立了一个模型通道之间的相互依赖关系。让 SE 模块自动学习到每个特征通道的重要程度，然后依照这个重要程度去计算输出的特征图。

现在简单地介绍一下 SENet（结构图见图 9.8）。

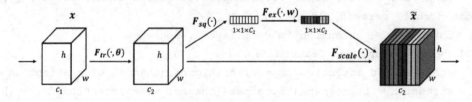

图 9.8 SENet 结构图

和经典的注意力模型一样，SENet 实际上也是在输入层与输出层之间叠加上一个矩阵权重。对于输入特征 x，其通道数为 c_1，经过一系列的卷积变换得到一个特征通道数为 c_2 的特征，输入到 SEnet 模块中进行计算。

1. 第一步：Squeeze 操作

在 SENet 中，根据输入的数据维度（也就是通道）进行数据压缩，将每个通道上的二维维度压缩成一个单一值，有点类似于全局池化的作用。其输出与输入特征通道数相匹配的维度值，表征在特征通道上设置一个相应全局分布的权重矩阵。代码如下：

```
input_xs = tf.reduce_mean(input_xs,[1,2],keep_dims=True)
```

2. 第二步：Excitation 操作

Excitation 操作是为每个特征通道生成一个对应的权重，用来显式地建立不同特征通道之间的相关性。

```
se_module = tf.keras.layers.Dense(shape[-1]/reduction_ratio,activation=tf.nn.relu)(se_module)
se_module = tf.nn.relu(se_module)
se_module = tf.keras.layers.Dense(shape[-1],activation=tf.nn.relu)(se_module)
```

这里用两个全连接层组成一个 Excitation 通道，之后跟随一个 sigmoid 激活函数对全连接层的输出进行计算。

```
se_module = tf.nn.sigmoid(se_module)
```

reduction_ratio 是维度变化参数，先将输入数据的维度降到指定的程度，然后经过 relu 激活后再通过一个全连接层回升到原始维度，使得数据在变化时获得更多的非线性变化并且极大地减少了参数和计算量。sigmoid 函数使得输出值获得一个 0~1 之间的归一化权重。

3. 第三步：Reweight 操作

经过 Excitation 计算后的通道权重与输入选择后的每个对应特征图相乘，进行加权计算后将计算值加权到每个通道的特征上。

```
se_module = tf.nn.sigmoid(se_module)
se_module = tf.reshape(se_module,[-1,1,1,shape[-1]])
out_ys = tf.multiply(input_xs,se_module)
```

SENet 的完整代码如下：

```
def SE_moudle(input_xs,reduction_ratio = 16.):
    shape = input_xs.get_shape().as_list()
    se_module = tf.reduce_mean(input_xs,[1,2])
    se_module = tf.keras.layers.Dense(shape[-1]/reduction_ratio,activation=tf.nn.relu)(se_module)
    se_module = tf.keras.layers.Dense(shape[-1], activation=tf.nn.relu)(se_module)
    se_module = tf.nn.sigmoid(se_module)
    se_module = tf.reshape(se_module,[-1,1,1,shape[-1]])
```

```
    out_ys = tf.multiply(input_xs,se_module)
    return out_ys
```

4. 第四步：SENet 的嵌入

由上面的步骤可以看到，SENet 实际上是一个注意力模块，对输入的数据进行权重变换后将特征图重新输出。除了直接在卷积层之间嵌入，SENet 还可以方便地嵌入到含有捷径连接（shortcut）的模块化网络中。

图9.9 是将 SENet 中嵌入到 ResNet 模块中的例子。

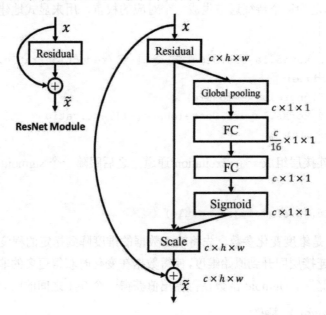

图9.9 SENet 模块嵌入捷径理连接（shortcut）

网络构造是 ResNet，没有变化，但是在 shortcut 与 residual 模块进行加法计算之前重新标定了特征。不在 shortcut 与 residual 模块进行加法计算之后重新标定的原因是 sigmoid 存在归一化的权重计算,在较深的卷积网络上靠近输入层会出现梯度消散的情况,导致模型较难优化。

```
    def identity_block(input_xs, out_dim, with_shortcut_conv_BN=False):

        if with_shortcut_conv_BN:
            pass
        else:
            shortcut = tf.identity(input_xs)
        input_channel = input_xs.get_shape().as_list()[-1]
        if input_channel != out_dim:
            pad_shape = tf.abs(out_dim - input_channel)
            shortcut = tf.pad(shortcut, [[0, 0], [0, 0], [0, 0], [pad_shape // 2,
pad_shape // 2]], name="padding")
        conv = tf.keras.layers.Conv2D(filters=out_dim // 4, kernel_size=1,
```

```
padding="SAME", activation=tf.nn.relu)(input_xs)
        conv = tf.keras.layers.BatchNormalization()(conv)
        conv = tf.keras.layers.Conv2D(filters=out_dim // 4, kernel_size=3,
padding="SAME", activation=tf.nn.relu)(conv)
        conv = tf.keras.layers.BatchNormalization()(conv)
        conv = tf.keras.layers.Conv2D(filters=out_dim // 4, kernel_size=1,
padding="SAME", activation=tf.nn.relu)(conv)
        conv = tf.keras.layers.BatchNormalization()(conv)
        shape = conv.get_shape().as_list()
        se_module = tf.reduce_mean(conv, [1, 2])
        se_module = tf.keras.layers.Dense(shape[-1] / 16,
activation=tf.nn.relu)(se_module)
        se_module = tf.keras.layers.Dense(shape[-1],
activation=tf.nn.relu)(se_module)
        se_module = tf.nn.sigmoid(se_module)
        se_module = tf.reshape(se_module, [-1, 1, 1, shape[-1]])
        se_module = tf.multiply(input_xs, se_module)
        output_ys = tf.add(shortcut, se_module)
        output_ys = tf.nn.relu(output_ys)
        return output_ys
```

可以说，无论是 ResNet、ResNeXt 还是其他目前新兴的神经网络都是通过类似叠加重复固定模块的采样方式进行计算的，因此都可以通过在原始模块结构中嵌入 SENet 模块的方式对权值进行标的。

相对于新的架构或者模型来说，SENet 在模型和计算复杂度上有良好的特性，即使被嵌入到已有的模型中，其参数也没有较大的增长，属于可接受的范围，可以说 SENet 是一个比较好的、成功的注意力模块。

9.4.2 结合 Spatial 和 Channel 的 CBAM 模型

SENet 取得了 ImageNet 2017 竞赛中"图像分类"的冠军，主要是在通道（Channel）上加入了注意力机制。SENet 的成功极大地提高了卷积神经网络中对注意力机制的重视。

通过上一小节对 SENet 模块的分析可知，SENet 仅仅是在输入的维度上加载了注意力模型，那么有没有可能在空间和维度上均加载注意力机制呢？

Convolutional Block Attention Module（CBAM）的意思是卷积块注意力模块，是一种结合了空间（Spatial）和通道（Channel）的注意力机制模块（见图 9.10）。相比于 SENet 只增加了通道（Channel）的注意力机制，CBAM 可以取得更好的效果。

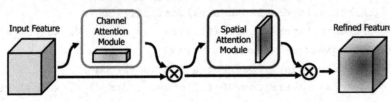

图 9.10 CBAM

从图 9.10 中可以看到，CBAM 在输入端和输出端之间加载了 Channel Attention 和 Spatial Attention。下面笔者分步对 CBAM 进行介绍。

1. 第一步：channel attention 操作（见图 9.11）

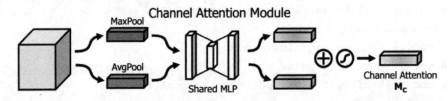

图 9.11 Channel Attention

Channel Attention 的构造形式可以说和 SENet 类似，通过不同的压缩方式将平面压缩成一个点，之后经过全连接变化对特征进行重新组合和求积运算，得到输出结果，代码如下：

```
    maxpool_channel = tf.reduce_max(tf.reduce_max(input_xs, axis=1, keepdims=True), axis=2, keepdims=True)
    avgpool_channel = tf.reduce_mean(tf.reduce_mean(input_xs, axis=1, keepdims=True), axis=2, keepdims=True)
    maxpool_channel = tf.keras.layers.Flatten()(maxpool_channel)
    avgpool_channel = tf.keras.layers.Flatten()(avgpool_channel)
    mlp_1_max = tf.keras.layers.Dense(units=int(hidden_num * reduction_ratio), activation=tf.nn.relu)(maxpool_channel)
    mlp_2_max = tf.keras.layers.Dense(units=hidden_num, activation=tf.nn.relu)(mlp_1_max)
    mlp_2_max = tf.reshape(mlp_2_max, [-1, 1, 1, hidden_num])
    mlp_1_avg = tf.keras.layers.Dense(units=int(hidden_num * reduction_ratio), activation=tf.nn.relu)(avgpool_channel)
    mlp_2_avg = tf.keras.layers.Dense(units=hidden_num, activation=tf.nn.relu)(mlp_1_avg)
    mlp_2_avg = tf.reshape(mlp_2_avg, [-1, 1, 1, hidden_num])
    channel_attention = tf.nn.sigmoid(mlp_2_max + mlp_2_avg)
    channel_refined_feature = input_xs * channel_attention
```

首先 maxpool 和 avgpool 分别对输入的值进行全局池化，之后使用两个全连接层对特征进行提取，经过 sigmoid 激活后，将提取后的值重新连接作为输入的权重与输入值进行内积计算，生成 Spatial Attention 模块需要的输入特征。

2. 第二步：Spatial Attention 操作（见图 9.12）

Spatial Attention 的操作相对简单，首先将 Channel Attention 的计算输出特征值作为本模块的输入值，之后依旧是使用 maxpool 和 avgpool 在空间面积上进行池化计算，用一个 concat 将结果进行连接。卷积层的作用是将维度降为 1，以方便下一步进行的 sigmoid 归一化计算，最后将权重维度和本模块的输入（也就是 Channel Attention 模块的输出，一定要注意）进行乘法计算，得到最终生成的特征值。

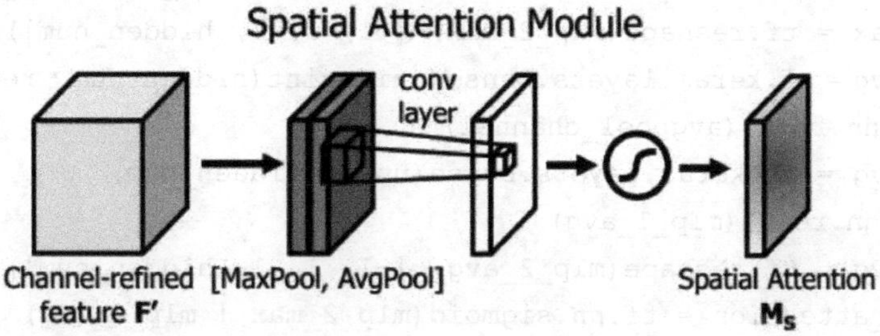

图 9.12 Spatial Attention

此部分代码如下：

```
maxpool_spatial = tf.reduce_max(channel_refined_feature, axis=3,
keepdims=True)
avgpool_spatial = tf.reduce_mean(channel_refined_feature, axis=3,
keepdims=True)
max_avg_pool_spatial = tf.concat([maxpool_spatial, avgpool_spatial], axis=3)
conv_layer = tf.keras.layers.conv2d(filters=1, kernel_size=(3, 3),
padding="same",activation=None)(max_avg_pool_spatial)
spatial_attention = tf.nn.sigmoid(conv_layer)
```

3. 第三步：Channel Attention 与 Spatial Attention 融合

CBAM 中 Channel Attention 的输出是作为 Spatial Attention 的输入被输入到后续的计算中，融合代码如下：

```
refined_feature = channel_refined_feature * spatial_attention
output_layer = refined_feature + input_xs
```

可以看到，输入到 Channel Attention 的数据经过 spatial 计算后重新进行了融合，之后的相加计算建立了 shortcut 通道，使得原有的数据输入没有性质变化，至少不会因为加入注意力机制使得性能发生下降。

完整的 CBAM 模块代码如下：

```
def cbam_module(input_xs, reduction_ratio=0.5):
    batch_size, hidden_num = input_xs.get_shape().as_list()[0],
input_xs.get_shape().as_list()[3]
    # channel attention
    maxpool_channel = tf.reduce_max(tf.reduce_max(input_xs, axis=1,
```

```
keepdims=True), axis=2, keepdims=True)
    avgpool_channel = tf.reduce_mean(tf.reduce_mean(input_xs, axis=1,
keepdims=True), axis=2, keepdims=True)
    maxpool_channel = tf.keras.layers.Flatten()(maxpool_channel)
    avgpool_channel = tf.keras.layers.Flatten()(avgpool_channel)
    mlp_1_max = tf.keras.layers.Dense(units=int(hidden_num * reduction_ratio),
activation=tf.nn.relu)(maxpool_channel)
    mlp_2_max = tf.keras.layers.Dense( units=hidden_num)(mlp_1_max)
    mlp_2_max = tf.reshape(mlp_2_max, [-1, 1, 1, hidden_num])
    mlp_1_avg = tf.keras.layers.Dense(units=int(hidden_num * reduction_ratio),
activation=tf.nn.relu)(avgpool_channel)
    mlp_2_avg = tf.keras.layers.Dense(units=hidden_num,
activation=tf.nn.relu)(mlp_1_avg)
    mlp_2_avg = tf.reshape(mlp_2_avg, [-1, 1, 1, hidden_num])
    channel_attention = tf.nn.sigmoid(mlp_2_max + mlp_2_avg)
    channel_refined_feature = input_xs * channel_attention
    # spatial attention
    maxpool_spatial = tf.reduce_max(channel_refined_feature, axis=3,
keepdims=True)
    avgpool_spatial = tf.reduce_mean(channel_refined_feature, axis=3,
keepdims=True)
    max_avg_pool_spatial = tf.concat([maxpool_spatial, avgpool_spatial],
axis=3)
    conv_layer = tf.keras.layers.Conv2D(filters=1, kernel_size=(3, 3),
padding="same",activation=None)(max_avg_pool_spatial)
    spatial_attention = tf.nn.sigmoid(conv_layer)
    refined_feature = channel_refined_feature * spatial_attention
    output_layer = refined_feature + input_xs
    return output_layer
```

4. 第四步：将 CBAM 模块嵌入到 ResNet 中

如同 SENet 一样，CBAM 一样可以被作为辅助模块嵌入到 ResNet 中，从而作为一个新的加载了注意力机制的模型来使用。加载了 CBAM 的 ResNet 模块代码如下所示。

```
#CBAM模块
import tensorflow as tf
def cbam_module(input_xs, reduction_ratio=0.5):
    batch_size, hidden_num = input_xs.get_shape().as_list()[0],
input_xs.get_shape().as_list()[3]
    # channel attention
    maxpool_channel = tf.reduce_max(tf.reduce_max(input_xs, axis=1,
keepdims=True), axis=2, keepdims=True)
    avgpool_channel = tf.reduce_mean(tf.reduce_mean(input_xs, axis=1,
keepdims=True), axis=2, keepdims=True)
```

```
        maxpool_channel = tf.keras.layers.Flatten()(maxpool_channel)
        avgpool_channel = tf.keras.layers.Flatten()(avgpool_channel)
        mlp_1_max = tf.keras.layers.Dense(units=int(hidden_num * reduction_ratio),
activation=tf.nn.relu)(maxpool_channel)
        mlp_2_max = tf.keras.layers.Dense(units=hidden_num)(mlp_1_max)
        mlp_2_max = tf.reshape(mlp_2_max, [-1, 1, 1, hidden_num])
        mlp_1_avg = tf.keras.layers.Dense(units=int(hidden_num * reduction_ratio),
activation=tf.nn.relu)(avgpool_channel)
        mlp_2_avg = tf.keras.layers.Dense(units=hidden_num,
activation=tf.nn.relu)(mlp_1_avg)
        mlp_2_avg = tf.reshape(mlp_2_avg, [-1, 1, 1, hidden_num])
        channel_attention = tf.nn.sigmoid(mlp_2_max + mlp_2_avg)
        channel_refined_feature = input_xs * channel_attention
        # spatial attention
        maxpool_spatial = tf.reduce_max(channel_refined_feature, axis=3,
keepdims=True)
        avgpool_spatial = tf.reduce_mean(channel_refined_feature, axis=3,
keepdims=True)
        max_avg_pool_spatial = tf.concat([maxpool_spatial, avgpool_spatial],
axis=3)
        conv_layer = tf.keras.layers.Conv2D(filters=1, kernel_size=(3, 3),
padding="same", activation=None)(max_avg_pool_spatial)
        spatial_attention = tf.nn.sigmoid(conv_layer)
        refined_feature = channel_refined_feature * spatial_attention
        output_layer = refined_feature + input_xs
        return output_layer

    # 加载了 CBAM 模块的 ResNet
    def identity_block(input_xs, out_dim, with_shortcut_conv_BN=False):
        if with_shortcut_conv_BN:
            pass
        else:
            shortcut = tf.identity(input_xs)
        input_channel = input_xs.get_shape().as_list()[-1]
        if input_channel != out_dim:
            pad_shape = tf.abs(out_dim - input_channel)
            shortcut = tf.pad(shortcut, [[0, 0], [0, 0], [0, 0], [pad_shape // 2,
pad_shape // 2]], name="padding")
        conv = tf.keras.layers.Conv2D(filters=out_dim // 4, kernel_size=1,
padding="SAME", activation=tf.nn.relu)(input_xs)
        conv = tf.keras.layers.BatchNormalization()(conv)
        conv = tf.keras.layers.Conv2D(filters=out_dim // 4, kernel_size=3,
padding="SAME", activation=tf.nn.relu)(conv)
        conv = tf.keras.layers.BatchNormalization()(conv)
        conv = tf.keras.layers.Conv2D(filters=out_dim // 4, kernel_size=1,
padding="SAME", activation=tf.nn.relu)(conv)
        conv = tf.keras.layers.BatchNormalization()(conv)
```

```
            conv = tf.layers.conv2d(conv, out_dim, [1, 1], strides=[1, 1],
kernel_initializer=tf.variance_scaling_initializer, bias_initializer=
tf.zeros_initializer, name="conv{}_2_1x1".format(str(layer_depth))))
            conv = tf.layers.batch_normalization(conv)
            # ResNet 中加载的 CBAM 模块
            conv = cbam_module(conv)
            output_ys = shortcut + conv
            output_ys = tf.nn.relu(output_ys)
        return output_ys
```

ResNeXt 中加载 CBAM 模块的位置与 ResNet 类似,这里就不再重复介绍。

9.4.3 注意力的前沿研究——基于细粒度的图像注意力机制

在日常生活中,我们可以很容易地识别出常见物体的类别(比如计算机、手机、水杯等),如果进一步去判断更为精细化的物体分类名称,例如日常所见的各种花朵、树木以及在湖中划船时遇到的各种鸟类等,即使是专家也很难做到无所不晓。

无论是基于空间(Spatial)的注意力机制还是基于通道(Channel)的注意力机制都是在全局的范围上对注意力进行加载,即通过对全局的切分强制性地将整体结构与可微分的、能够接受神经网络反馈计算的注意力权重矩阵重新进行求积计算,从而模仿人类视觉中对焦点的注意力机制。

然而,在真实世界中仅仅依靠对焦点的观察并不能从更细粒度上分辨一个物体。例如,在图 9.13 中对鸟类的分辨只聚焦于嘴部非常小的一块区域,仅仅依靠焦点定位是远远不够的。

图 9.13 细粒度注意力机制

传统的细粒度聚焦的引入可以使得神经网络只聚焦图像一个非常小的区域。落实到具体的解决方案上,即在原有的卷积神经网络上采用回归 bounding box 去学习相应的模型,如图 9.14 所示。

第 9 章 注意力机制

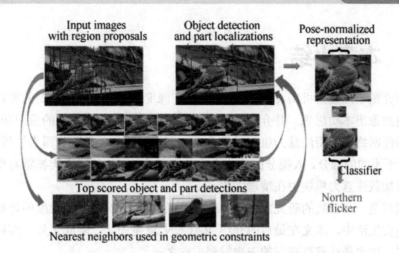

图 9.14　在原有的卷积神经网络上采用回归 bounding box

然而，在实际应用中较为困难。首先是人为标定的 box 带有太多人为雕琢的痕迹，并不一定适合神经网络去学习。此外，大量的人为标注信息因为完全要依靠人工来完成，所以在现实中并不容易获取这类标注好的信息。

基于递归注意力的细粒度图像识别模型（Recurrent Attention Convolutional Neural Network，RACNN），能够准确地找到图像中具有最大差异化的区域，之后采用一种"放大"的形式描述这些特征并与原始特征图进行叠加，进而大大地提高对于细粒度分辨图像的识别能力。

从图 9.15 可以看到，RACNN 实际上是由 3 个尺度越来越细、逐级放大的循环神经网络构成的，即上一层的输出作为下一层的输入。RACNN 主要包括两个部分，每个层级上的卷积网络模块和同一层级上不同区域的基于注意力机制的"区域采样"模块（Attention Proposal Network，APN）。这样能够在每个尺度上的卷积神经网络之后连上全连接层和作为分类的 softmax 层，从而对类别做出分类。

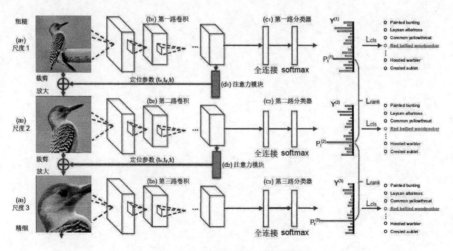

图 9.15　细粒度图像识别模型

限于篇幅，RACNN 的介绍就到此为止，有兴趣的读者可以找到相关的资料自行学习。

9.5 本章小结

本章主要介绍了注意力机制,深入浅出地介绍了深度学习中注意力机制的原理及关键计算机制,同时也抽象出本质思想,并介绍了注意力模型在卷积神经网络中的应用和实现。

在卷积神经网络中运用注意力机制是符合人类视觉认知的一种顺势而为的思想。对一幅图进行观察,对于不同的部分,人类分配的焦点也是不同的,因此仿照人类视觉对事物的观察模式给神经网络加载注意力模块也在情理之中。

注意力模型是一个新兴的研究领域,其研究的进展决定着对于更细粒度的可观察神经网络能否应用到现实生活中,本文在最后的介绍 RACNN 就是如此。除此之外,细粒度注意力模型的还有很多,这也是计算机视觉的未来发展方向之一。

第 10 章
卷积神经网络实战：识文断字也可以

文本分类是自然语言处理的一个重要方面，利用计算机手段推断出给定的文本（句子、文档等）的标注或标注集合。利用深度学习进行文本分类和语义判断是新兴而充满前途的工作。文本分类主要的应用如下：

- 垃圾邮件分类：判断邮件是否为垃圾邮件。
- 二分类问题：判断文本情感是积极（Positive）还是消极（Negative）。
- 多分类问题：判断文本情感属于{非常消极，消极，中立，积极，非常积极}中的哪一类。
- 新闻主题分类：判断新闻属于哪个类别，如财经、体育、娱乐等。
- 自动问答：系统中的问句分类。

传统的文本分类主要是利用贝叶斯原理，基于上下文之间文本出现的概率对自然语言进行处理，然而使用深度学习，特别是卷积神经网络，完全另辟蹊径从特征词入手经过卷积、池化、分类等步骤对文本的分类作出预测。基于 CNN 的文本分类示意图如图 10.1 所示。

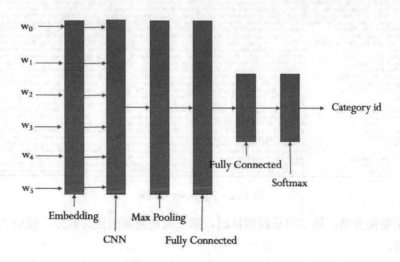

图 10.1　基于 CNN 的文本分类

本章将主要介绍卷积神经网络在文本分类中的应用，使用已有的英文新闻数据集对文本进行分类，主要涉及文本处理、特征提取以及多种模型的建立和比较。

10.1 文本数据处理

无论是使用深度学习还是传统的自然语言处理（Natural Language Processing，NLP）方式，一个非常重要的内容就是将自然语言转换成计算机可以识别的特征向量，这就是文本的预处理，也就是通过文本分词、词向量训练、特征词抽取这几个主要步骤，再组建成能够代表文本内容的矩阵向量。

10.1.1 数据集介绍和数据清洗

新闻分类数据集“AG”是由学术社区 ComeToMyHead 提供的，从两千多不同的新闻来源搜集的超过一百万的新闻文章，用于研究分类、聚类、信息获取（如评级，搜索）等非商业活动。在此基础上 Xiang Zhang 为了研究需要从中提取了 127600 个样本，其中抽出 120000 个样本作为训练集、7600 个样本作为测试集。按以下 4 类进行分类：

- World
- Sports
- Business
- Sci/Tec

数据集一般是用 csv 格式的文件存储，这类文件打开后的格式如图 10.2 所示。

3	Wall St. Bears Claw Back Into the Black (Reuters)	Reuters - Short-sellers, Wall Street's dwindling\band of ultra-cynics, are seeing green again.
3	Carlyle Looks Toward Commercial Aerospace (Reuters)	Reuters - Private investment firm Carlyle Group,\which has a reputation for making well-timed and occasionally\controversial play
3	Oil and Economy Cloud Stocks' Outlook (Reuters)	Reuters - Soaring crude prices plus worries\about the economy and the outlook for earnings are expected to\hang over the stock ma
3	Iraq Halts Oil Exports from Main Southern Pipeline (	Reuters - Authorities have halted oil export\flows from the main pipeline in southern Iraq after\intelligence showed a rebel mili
3	Oil prices soar to all-time record, posing new menac	AFP - Tearaway world oil prices, toppling records and straining wallets, present a new economic menace barely three months before
3	Stocks End Up, But Near Year Lows (Reuters)	Reuters - Stocks ended slightly higher on Friday\but stayed near lows for the year as oil prices surged past #36;46\a barrel, of
3	Money Funds Fell in Latest Week (AP)	AP - Assets of the nation's retail money market mutual funds fell by #36;1.17 billion in the latest week to #36;849.98 trillion
3	Fed minutes show dissent over inflation (USATODAY.co	USATODAY.com - Retail sales bounced back a bit in July, and new claims for jobless benefits fell last week, the government said T
3	Safety Net (Forbes.com)	Forbes.com - After earning a PH.D. in Sociology, Danny Bazil Riley started to work as the general manager at a commercial real es
3	Wall St. Bears Claw Back Into the Black	NEW YORK (Reuters) - Short-sellers, Wall Street's dwindling band of ultra-cynics, are seeing green again.
3	Oil and Economy Cloud Stocks' Outlook	NEW YORK (Reuters) - Soaring crude prices plus worries about the economy and the outlook for earnings are expected to hang ove
3	No Need for OPEC to Pump More-Iran Gov	TEHRAN (Reuters) - OPEC can do nothing to douse scorching oil prices when markets are already oversupplied by 2.8 million barr
3	Non-OPEC Nations Should Up Output-Purnomo	JAKARTA (Reuters) - Non-OPEC oil exporters should consider increasing output to cool record crude prices, OPEC President Purno
3	Google IPO Auction Off to Rocky Start	WASHINGTON/NEW YORK (Reuters) - The auction for Google Inc.'s highly anticipated initial public offering got off to a rocky st
3	Dollar Falls Broadly on Record Trade Gap	NEW YORK (Reuters) - The dollar tumbled broadly on Friday after data showing a record U.S. trade deficit in June cast fresh do
3	Rescuing an Old Saver	If you think you may need to help your elderly relatives with their finances, don't be shy about having the money talk -- soon.
3	Kids Rule for Back-to-School	The purchasing power of kids is a big part of why the back-to-school season has become such a huge marketing phenomenon.
3	In a Down Market, Head Toward Value Funds	There is little cause for celebration in the stock market these days, but investors in value-focused mutual funds have reason to
3	US trade deficit swells in June	The US trade deficit has exploded 19 to a record \$55.8bn as oil costs drove imports higher, according to a latest figures.
3	Shell 'could be target for Total'	Oil giant Shell could be bracing itself for a takeover attempt, possibly from French rival Total, a press report claims.
3	Google IPO faces Playboy slip-up	The bidding gets underway for Google's public offering, despite last-minute worries over an interview with its bosses in Playboy
3	Eurozone economy keeps growing	Official figures show the 12-nation eurozone economy continues to grow, but there are warnings it may slow down later in the year
3	Expansion slows in Japan	Economic growth in Japan slows down as the country experiences a drop in domestic and corporate spending.
3	Rand falls on shock SA rate cut	Interest rates are trimmed to 7.5 by the South African central bank, but the lack of warning hits the rand and surprises markets
3	Car prices down across the board	The cost of buying both new and second hand cars fell sharply over the past five years, a new survey has found.
3	South Korea lowers interest rates	South Korea's central bank cuts interest rates by a quarter percentage point to 3.5 in a bid to drive growth in the economy.
3	Google auction begins on Friday	An auction of shares in Google, the web search engine which could be floated for as much as \$36bn, takes place on Friday.

图 10.2 Ag_news 数据集

第一列是新闻分类，第二列是新闻标题，第三列是新闻的正文部分，使用“,”和“.”作为断句的符号。

由于拿到的数据集是由社区自动化存储和收集的，因此不可避免地存有大量的数据杂质：

```
Reuters - Was absenteeism a little high\on Tuesday among the guys at the office?
```

> EA Sports would like\to think it was because "Madden NFL 2005" came out that day,\and some fans of the football simulation are rabid enough to\take a sick day to play it.
> Reuters - A group of technology companies\including Texas Instruments Inc. (TXN.N), STMicroelectronics\(STM.PA) and Broadcom Corp. (BRCM.O), on Thursday said they\will propose a new wireless networking standard up to 10 times\the speed of the current generation.

因此第一步是对数据进行清洗。

1. 第一步：数据的读取与存储

数据集的存储格式为 csv，需要按列队数据进行读取，代码如下：

```
import csv
agnews_train = csv.reader(open("./dataset/train.csv","r"))
for line in agnews_train:
    print(line)
```

这段代码的输出结果如图 10.3 所示。

```
['2', 'Sharapova wins in fine style', 'Maria Sharapova and Amelie Mauresmo opened their challenges at the WTA Champ:
['2', 'Leeds deny Sainsbury deal extension', 'Leeds chairman Gerald Krasner has laughed off suggestions that he has
['2', 'Rangers ride wave of optimism', 'IT IS doubtful whether Alex McLeish had much time eight weeks ago to dwell (
['2', 'Washington-Bound Expos Hire Ticket Agency', 'WASHINGTON Nov 12, 2004 - The Expos cleared another logistical l
['2', 'NHL #39;s losses not as bad as they say: Forbes mag', 'NEW YORK - Forbes magazine says the NHL #39;s financia
['1', 'Resistance Rages to Lift Pressure Off Fallujah', 'BAGHDAD, November 12 (IslamOnline.net  amp; News Agencies)
```

图 10.3 Ag_news 中的数据形式

读取的 train 中的每行数据内容被默认以逗号分隔，按列依次存储在序列不同的位置中。为了分类的方便，可以使用不同的数组将数据按类别进行存储。当然，读者也可以根据需要使用 Pandas 包，但是为了后续操作和运算速度，这里主要使用 Python 原生函数和 NumPy 进行计算。

```
import csv
agnews_label = []
agnews_title = []
agnews_text = []
agnews_train = csv.reader(open("./dataset/train.csv","r"))
for line in agnews_train:
    agnews_label.append(line[0])
    agnews_title.append(line[1].lower())
    agnews_text.append(line[2].lower())
```

可以看到不同的内容被存储在不同的数组之中，并且为了统一形式将所有的字母统一转换成小写，以便于后续的计算。

2. 第二步：文本的清洗

文本中除了常用的标点符号外还包含着大量的特殊字符，因此需要对文本进行清洗。

文本清洗的方法一般使用的是正则表达式，可以匹配小写 'a' 至 'z'、大写 'A' 至 'Z' 或者数字 '0' 到 '9' 范围之外的所有字符，并用空格代替。这个方法无须指定所有标点符号，代码如下：

```
import re
text = re.sub(r"[^a-z0-9]"," ",text)
```

这里 re 是 Python 中对应正则表达式的 Python 包；字符串"^"的意义是求反，即只保留要求的字符，替换不要求保留的字符。通过更细一步的分析可知，文本清洗中除了将不需要的符号使用空格替换外，还会产生新的问题，即空格数目过多和在文本的首尾有空格残留，同样会影响文本的读取，因此还需要对替换符号后的文本进行二次处理。

```
import re
def text_clear(text):
    text = text.lower()                          #将文本的字母都转化成小写字母
    text = re.sub(r"[^a-z0-9]"," ",text)         #替换不要求保留的字符，^是求反操作
    text = re.sub(r" +", " ", text)              #替换多重空格
    text = text.strip()                          #去除首尾空格
    text = text.split(" ")                       #对句子按空格分隔
    return text
```

由于加载了新的数据清洗工具，因此在读取数据时即可使用自定义的函数将文本信息处理后存储，代码如下：

```
import csv
import tools
import numpy as np
agnews_label = []
agnews_title = []
agnews_text = []
agnews_train = csv.reader(open("./dataset/train.csv","r"))
for line in agnews_train:
    agnews_label.append(np.float32(line[0]))
    agnews_title.append(tools.text_clear(line[1]))
    agnews_text.append(tools.text_clear(line[2]))
```

这里使用了额外的包和 NumPy 处理函数对数据进行处理，因此可以获得处理后较为干净的数据，如图 10.4 所示。

```
pilots union at united makes pension deal
quot us economy growth to slow down next year quot
microsoft moves against spyware with giant acquisition
aussies pile on runs
manning ready to face ravens 39 aggressive defense
gambhir dravid hit tons as india score 334 for two night lead
croatians vote in presidential elections mesic expected to win second term afp
nba wrap heat tame bobcats to extend winning streak
historic turkey eu deal welcomed
```

图 10.4　清理后的 Ag_news 数据

10.1.2 停用词的使用

观察分好词的文本集,每组文本中除了能够表达含义的名词和动词外,还有大量没有意义的副词,例如"is""are""the"等。这些词的存在并不会给句子增加太多含义,反而会由于频率使用而影响后续的词向量分析。因此,为了减少要处理的词汇量,降低后续程序的复杂度,需要清除停用词。清除停用词一般用的是 NLTK 工具包,安装代码如下:

```
conda install nltk
```

仅仅安装了 NLTK 包并不能够使用停用词,还需要额外再下载 NLTK 停用词包,建议读者启动 CMD 命令行终端进入 NLTK,之后执行如图 10.5 所示的代码以启动 NLTK 的下载控制台。

图 10.5　启动 CMD 命令行终端,再启动 NLTK 下载控制台

启动后的 NLTK 下载控制台如图 10.6 所示。

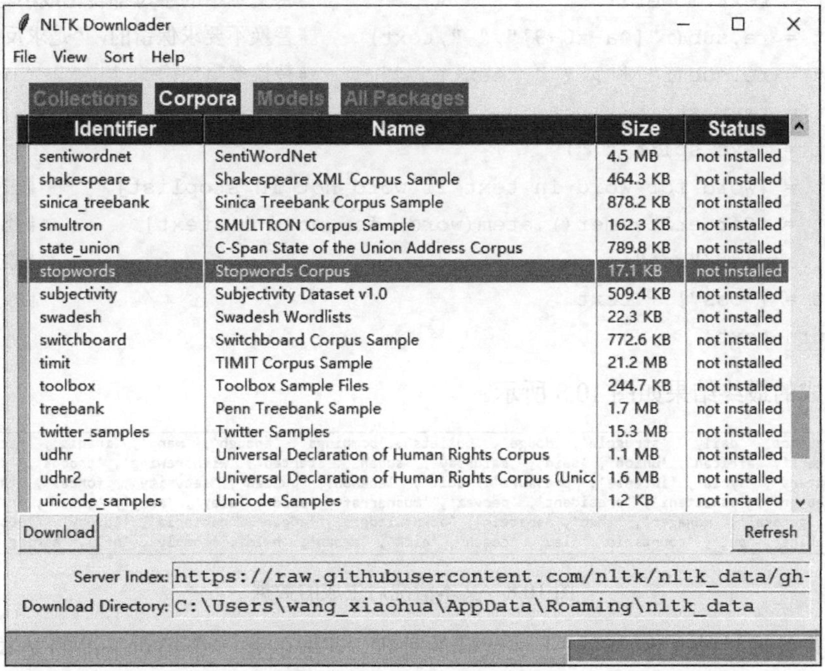

图 10.6　NLTK 下载控制台

在 Corpora 页签下选择 stopwords 选项,单击 Download 按钮下载数据。验证方法如下:

```
stoplist = stopwords.words('english')
print(stoplist)
```

停用词被读取到一个数组列表 stoplist 中，上面程序打印输出的结果如图 10.7 所示。

```
['i', 'me', 'my', 'myself', 'we', 'our', 'ours', 'ourselves', 'you', "you're", "you've", "you'll", "you'd", 'your', 'yours',
'yourself', 'yourselves', 'he', 'him', 'his', 'himself', 'she', "she's", 'her', 'hers', 'herself', 'it', "it's", 'its', 'itself', 'they',
'them', 'their', 'theirs', 'themselves', 'what', 'which', 'who', 'whom', 'this', 'that', "that'll", 'these', 'those', 'am',
'is', 'are', 'was', 'were', 'be', 'been', 'being', 'have', 'has', 'had', 'having', 'do', 'does', 'did', 'doing', 'a', 'an', 'the',
'and', 'but', 'if', 'or', 'because', 'as', 'until', 'while', 'of', 'at', 'by', 'for', 'with', 'about', 'against', 'between', 'into',
'through', 'during', 'before', 'after', 'above', 'below', 'to', 'from', 'up', 'down', 'in', 'out', 'on', 'off', 'over', 'under',
'again', 'further', 'then', 'once', 'here', 'there', 'when', 'where', 'why', 'how', 'all', 'any', 'both', 'each', 'few',
'more', 'most', 'other', 'some', 'such', 'no', 'nor', 'not', 'only', 'own', 'same', 'so', 'than', 'too', 'very', 's', 't', 'can',
'will', 'just', 'don', "don't", 'should', "should've", 'now', 'd', 'll', 'm', 'o', 're', 've', 'y', 'ain', 'aren', "aren't", 'couldn',
"couldn't", 'didn', "didn't", 'doesn', "doesn't", 'hadn', "hadn't", 'hasn', "hasn't", 'haven', "haven't", 'isn', "isn't",
'ma', 'mightn', "mightn't", 'mustn', "mustn't", 'needn', "needn't", 'shan', "shan't", 'shouldn', "shouldn't",
'wasn', "wasn't", 'weren', "weren't", 'won', "won't", 'wouldn', "wouldn't"]
```

图 10.7　停用词

下面将停用词数据加载到文本清洗器中。由于英文文本的特殊性，单词会具有不同的变形，例如后缀"ing"和"ed"可以丢弃、"ies"可以用"y"替换等。这样可能会变成不是完整词的词干，只要将这个词的所有形式都还原成同一个词干即可。在 NLTK 中，对这部分词根还原的处理函数为：

```
PorterStemmer().stem(word)
```

完整的代码如下：

```
def text_clear(text):
    text = text.lower()                                        #将文本中的字母都转化成小写字母
    text = re.sub(r"[^a-z0-9]"," ",text)                       #替换不要求保留的，^是求反操作
    text = re.sub(r" +", " ", text)                            #替换多重空格
    text = text.strip()                                        #去除首尾空格
    text = text.split(" ")
    text = [word for word in text if word not in stoplist]     #去除停用词
    text = [PorterStemmer().stem(word) for word in text]       #还原词干部分
    text.append("eos")                                         #添加结束符
    text = ["bos"] + text                                      #添加开始符
    return text
```

这样生成的最终结果如图 10.8 所示。

```
['baghdad', 'reuters', 'daily', 'struggle', 'dodge', 'bullets', 'bombings', 'enough', 'many', 'iraqis', 'face', 'freezing'
['abuja', 'reuters', 'african', 'union', 'said', 'saturday', 'sudan', 'started', 'withdrawing', 'troops', 'darfur', 'ahead
['beirut', 'reuters', 'syria', 'intense', 'pressure', 'quit', 'lebanon', 'pulled', 'security', 'forces', 'three', 'key',
['karachi', 'reuters', 'pakistani', 'president', 'pervez', 'musharraf', 'said', 'stay', 'army', 'chief', 'reneging', 'pled
['red', 'sox', 'general', 'manager', 'theo', 'epstein', 'acknowledged', 'edgar', 'renteria', 'luxury', '2005', 'red', 'sox
['miami', 'dolphins', 'put', 'courtship', 'lsu', 'coach', 'nick', 'saban', 'hold', 'comply', 'nfl', 'hiring', 'policy', 'i
```

图 10.8　文本清洗后生成的数据

相对于未处理过的文本，经过上述代码的处理，获取的是一个相对干净的文本数据。下面说明一下文本清洗处理的步骤：

（1）Tokenization：将句子进行拆分，以单个词或者字符的形式进行存储。文本清洗函数

之一 text.split 执行的就是这个操作。

（2）Normalization：将词语正则化，lower 函数和 PorterStemmer 函数用于此方面的处理，可将文本数据中的字母都转为小写字母，以及把单词的都还原为词干。

（3）Rare word replacement：替换稀有词，一般将词频小于 5 的词替换成一个特殊的 Token <UNK>。稀有词如同噪声，故用此法降噪可缩减字典。

（4）Add <BOS> <EOS>：给每个句子的开始和结束添加标识符。

（5）Long Sentence Cut-Off or short Sentence Padding：对过长的句子进行截取，对过短的句子进行补全。

笔者在进行文本清洗处理时由于模型的需要，并没有完整地使用以上的每个步骤。在不同的项目中，读者也可以自行斟酌使用上面的各个步骤。

10.1.3 词向量训练模型 word2vec 的使用

word2vec 是 Google 在 2013 年推出的一个自然语言处理（NLP）工具，特点是将所有的词向量化，这样词与词之间就可以定量地去度量它们之间的关系、挖掘词之间的联系。word2vec 模型如图 10.9 所示。

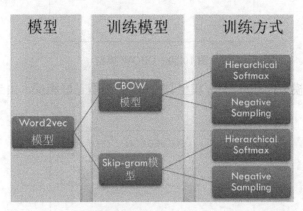

图 10.9　word2vec 模型

用词向量来表示词并不是 word2vec 的首创，在很久之前就出现了。最早的词向量是很冗长的，它使用的词向量维度大小为整个词汇表的大小，对于每个具体的词汇表中的词，将对应的位置设置为 1。

例如，由 5 个词组成的词汇表，词"Queen"的序号为 2，那么它的词向量就是 (0,1,0,0,0)(0,1,0,0,0)。同理，词"Woman"的词向量就是(0,0,0,1,0)(0,0,0,1,0)。这种词向量的编码方式一般叫作 1-of-N representation 或者 one-hot（独热编码）。

one-hot 用来表示词向量非常简单，但是有很多问题。最大的问题是词汇表一般都非常大，比如达到百万级别，这样每个词都用百万维的向量来表示基本是不可能的。而且这样的向量除了一个位置是 1 外，其余的位置全部是 0，表达的效率也不高，将其用于卷积神经网络中网络也难以收敛。

word2vec 是一种可以解决 one-hot 问题的方法，思路是通过训练将每个词都映射到一个较短的词向量上。所有的这些词向量就构成了向量空间，进而可以用普通的统计学方法来研究词与词之间的关系。

word2vec 具体的训练方法主要有 2 个部分：CBOW（Continuous Bag-of-Word Model）和 Skip-gram 模型。

（1）CBOW 模型：又称为连续词袋模型，是一个 3 层神经网络，如图 10.10 所示。该模型的特点是输入已知的上下文，输出对当前单词的预测。

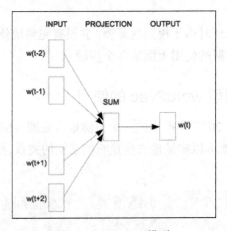

图 10.10　CBOW 模型

（2）Skip-gram 模型：Skip-gram 模型与 CBOW 模型正好相反，由当前词预测上下文词，如图 10.11 所示。

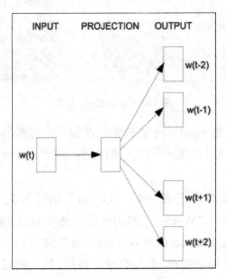

图 10.11　Skip-gram 模型

word2vec 更为细节的训练模型和训练方式在这里不做讨论。本节将主要介绍训练一个可以获得和使用的 word2vec 向量。

对词向量的模型训练有很多方法，这里最为简单的是使用 Python 工具包中的 gensim 包对数据进行训练。

（1）第一步：训练 word2vec 模型

第一步是对词模型进行训练，代码非常简单：

```
from gensim.models import word2vec              #导入 gensim 包
#设置训练参数
model = word2vec.Word2Vec(agnews_text,size=64, min_count = 0,window = 5)
model_name = "corpusWord2Vec.bin"               #保存模型的文件
model.save(model_name)                          #将训练好的模型保存到文件中
```

首先在代码中导入 gensim 包，之后 Word2Vec 函数根据设定的参数对 word2vce 模型进行训练。这里略微解释一下主要参数：

```
Word2Vec(sentences, workers=num_workers, size=num_features, min_count =
min_word_count, window = context, sample = downsampling, iter = 5)
```

其中，sentences 是输入数据，workers 是并行运行的线程数，size 是词向量的维数，min_count 是最小的词频，window 是上下文窗口的大小，sample 是对频繁词汇的下采样设置，iter 是循环的次数。一般如果不是有特殊要求，按默认值设置即可。

save 函数将生成的模型保存到文件中，供后续使用。

（2）第二步：word2vec 模型的使用

模型的使用非常简单，代码如下：

```
text = "Prediction Unit Helps Forecast Wildfires"
text = tools.text_clear(text)
print(model[text].shape)
```

其中，text 是需要转换的文本，同样调用 text_clear 函数对文本进行清理。之后使用已训练好的模型对文本进行转换。转换后的文本内容如下：

```
['bos', 'predict', 'unit', 'help', 'forecast', 'wildfir', 'eos']
```

计算后的 word2vec 文本向量实际上是一个[7,64]大小的矩阵，部分如图 10.12 所示。

```
[[-2.30043262e-01   9.95051086e-01  -5.99774718e-01  -2.18779755e+00
  -2.42732501e+00   1.42853677e+00   4.19419765e-01   1.01147270e+00
   3.12305957e-01   9.40802813e-01  -1.26786101e+00   1.90110123e+00
  -1.00584543e+00   5.89528739e-01   6.55723274e-01  -1.54996490e+00
  -1.46146846e+00  -6.19645091e-03   1.97032082e+00   1.67241061e+00
   1.04563618e+00   3.28550845e-01   6.12566888e-01   1.49095607e+00
   7.72413433e-01  -8.21017563e-01  -1.71305871e+00   1.74249041e+00
   6.58117175e-01  -2.38789499e-01  -1.29177213e-01   1.35001493e+00
```

图 10.12　word2vec 文本向量

(3) 第三步：对已有模型补充训练

模型训练完毕后，可以保存起来。随着要训练文档的增加，gensim 同样也提供了持续性训练模型的方法，代码如下：

```
from gensim.models import word2vec                    #导入gensim包
model = word2vec.Word2Vec.load('./corpusWord2Vec.bin')    #载入保存的模型
model.train(agnews_title, epochs=model.epochs,
total_examples=model.corpus_count) #继续模型训练
```

可以看到，Word2Vec 提供了加载存储模型的函数，之后 train 函数继续对模型进行训练。在最初的训练集中，agnews_text 作为初始的训练文档，而 agnews_title 是后续训练部分，这样可以合在一起作为更多的训练文件。完整的代码如下：

```
import csv
import tools
import numpy as np
agnews_label = []
agnews_title = []
agnews_text = []
agnews_train = csv.reader(open("./dataset/train.csv","r"))
for line in agnews_train:
    agnews_label.append(np.float32(line[0]))
    agnews_title.append(tools.text_clear(line[1]))
    agnews_text.append(tools.text_clear(line[2]))

print("开始训练模型")
from gensim.models import word2vec
model = word2vec.Word2Vec(agnews_text,size=64, min_count = 0,window = 5,iter=128)
model_name = "corpusWord2Vec.bin"
model.save(model_name)
from gensim.models import word2vec
model = word2vec.Word2Vec.load('./corpusWord2Vec.bin')
model.train(agnews_title, epochs=model.epochs,
total_examples=model.corpus_count)
```

模型的使用在第二步介绍过了，请读者自行完成。

对于需要训练的数据集和需要测试的数据集，一般建议读者在使用的时候一起训练，以获得最好的语义标注。在现实项目中，对数据的训练往往都有极大的训练样本，文本容量能够达到几十甚至上百吉字节（GB）的数据，因而不会产生词语缺失的问题，所以只需在训练集上对文本进行训练即可。

10.1.4 文本主题的提取：基于 TF-IDF（选学）

使用卷积神经网络对文本分类时，文本主题的提取并不是必需的。一般来说文本的提取主要涉及以下几种：

- 基于 TF-IDF 的文本关键字提取。
- 基于 TextRank 的文本关键词提取。

除此之外，还有很多模型和方法能够帮助进行文本的抽取，特别是对于大文本内容。本书由于篇幅关系对这方面的内容并不展开描写，有兴趣的读者可以参考相关教程。下面先介绍基于 TF-IDF 的文本关键字的提取。

1. TF-IDF 简介

目标文本经过文本清洗和停用词的去除后，一般可以认为剩下的均为有着目标含义的词。如果需要对其特征进行更进一步的提取，那么提取的应该是那些能代表文章的元素，包括词、短语、句子、标点以及其他信息。从词的角度考虑，需要提取对文章表达贡献度大的词。

TF-IDF 是一种用于资讯检索与咨询勘测的常用加权技术，如图 10.13 所示。TF-IDF 是一种统计方法，用来衡量一个词对一个文件集的重要程度。字词的重要性与其在文件中出现的次数成正比，而与其在文件集中出现的次数成反比。该算法在数据挖掘、文本处理和信息检索等领域得到了广泛的应用，最为常见的应用为从一个文章中提取文章的关键词。

TFIDF

For a term i in document j:

$$w_{i,j} = tf_{i,j} \times \log\left(\frac{N}{df_i}\right)$$

$tf_{i,j}$ = number of occurrences of i in j
df_i = number of documents containing i
N = total number of documents

图 10.13 TF-IDF

TF-IDF 的主要思想是：如果某个词或短语在一篇文章中出现的频率 TF 高，并且在其他文章中很少出现，则认为此词或者短语具有很好的类别区分能力，适合用来分类。其中，TF（Term Frequency，词频）表示词条在文章 Document 中出现的频率。

$$词频（TF）= \frac{某个词在单个文本中出现的次数}{某个词在整个语料库中出现的次数}$$

IDF（Inverse Document Frequency，逆文档频率）的主要思想是，包含某个词的文档越少，这个词的区分度就越大，也就是 IDF 越大。

$$逆文档频率(IDF) = \log\left(\frac{语料库的文本总数}{语料库中包含该词的文本数 + 1}\right)$$

TF-IDF 的计算实际上就是 $TF \times IDF$。

$$TF\text{-}IDF = 词频 \times 逆文档频率 = TF \times IDF$$

2. TF-IDF 的实现

首先是 IDF 的计算，代码如下：

```python
import math
def idf(corpus):    # corpus 为输入的全部语料文本库文件
    idfs = {}
    d = 0.0
    # 统计词出现的次数
    for doc in corpus:
        d += 1
        counted = []
        for word in doc:
            if not word in counted:
                counted.append(word)
                if word in idfs:
                    idfs[word] += 1
                else:
                    idfs[word] = 1
    # 计算每个词的逆文档值
    for word in idfs:
        idfs[word] = math.log(d/float(idfs[word]))
    return idfs
```

下一步是使用计算好的 IDF 计算每个文档的 TF-IDF 值：

```python
idfs = idf(agnews_text)                    #获取计算好的文本中每个词的 IDF 词频
for text in agnews_text:                   #获取文档集中的每个文档
    word_tfidf = {}
    for word in text:                      #依次获取每个文档中的每个词
        if word in word_tfidf:             #计算每个词的词频
            word_tfidf[word] += 1
        else:
            word_tfidf[word] = 1
    for word in word_tfidf:
        word_tfidf[word] *= idfs[word]     #计算每个词的 TFIDF 值
```

计算 TF-IDF 的完整代码如下：

```python
import math
```

```python
def idf(corpus):
    idfs = {}
    d = 0.0
    # 统计词出现的次数
    for doc in corpus:
        d += 1
        counted = []
        for word in doc:
            if not word in counted:
                counted.append(word)
                if word in idfs:
                    idfs[word] += 1
                else:
                    idfs[word] = 1
    # 计算每个词的逆文档值
    for word in idfs:
        idfs[word] = math.log(d/float(idfs[word]))
    return idfs
#获取计算好的文本中每个词的 idf 词频
#agnews_text 是经过处理后的语料库文档，在文本数据清洗一节中有详细介绍
idfs = idf(agnews_text)
for text in agnews_text:          #获取文档集中的每个文档
    word_tfidf = {}
    for word in text:             #依次获取每个文档中的每个词
        if word in word_idf:      #计算每个词的词频
            word_tfidf[word] += 1
        else:
            word_tfidf[word] = 1
    for word in word_tfidf:
        word_tfidf[word] *= idfs[word]   # word_tfidf 为计算后的每个词的 TFIDF 值

    values_list = sorted(word_tfidf.items(), key=lambda item: item[1], reverse=True)  #按 value 排序
    values_list = [value[0] for value in values_list]    #生成排序后的单个文档
```

3. 将重排的文档根据训练好的 word2vec 向量建立一个有限量的词矩阵

请读者自行完成，这里不做详细介绍。

4. 将 TF-IDF 单独定义为一个类

将 TF-IDF 的计算函数单独整合到一个类中，便于后续使用，代码如下：

```python
class TFIDF_score:
    def __init__(self,corpus,model = None):
        self.corpus = corpus
```

```python
        self.model = model
        self.idfs = self.__idf()

    def __idf(self):
        idfs = {}
        d = 0.0
        # 统计词出现的次数
        for doc in self.corpus:
            d += 1
            counted = []
            for word in doc:
                if not word in counted:
                    counted.append(word)
                    if word in idfs:
                        idfs[word] += 1
                    else:
                        idfs[word] = 1
        # 计算每个词的逆文档值
        for word in idfs:
            idfs[word] = math.log(d / float(idfs[word]))
        return idfs

    def __get_TFIDF_score(self, text):
        word_tfidf = {}
        for word in text:   # 依次获取每个文档中的每个词
            if word in word_tfidf:   # 计算每个词的词频
                word_tfidf[word] += 1
            else:
                word_tfidf[word] = 1
        for word in word_tfidf:
            word_tfidf[word] *= self.idfs[word]   # 计算每个词的 TFIDF 值
        values_list = sorted(word_tfidf.items(), key=lambda word_tfidf: word_tfidf[1], reverse=True)   #将 TFIDF 数据按重要程度从大到小排序
        return values_list

    def get_TFIDF_result(self,text):
        values_list = self.__get_TFIDF_score(text)
        value_list = []
        for value in values_list:
            value_list.append(value[0])
        return (value_list)
```

使用方法如下：

```
tfidf = TFIDF_score(agnews_text)    #agnews_text 为获取的数据集
for line in agnews_text:
value_list = tfidf.get_TFIDF_result(line)
print(value_list)
print(model[value_list])
```

其中，agnews_text 为从文档中获取的正文数据集，也可以使用标题或者文档进行处理。

10.1.5 文本主题的提取：基于 TextRank（选学）

TextRank 算法的核心思想来源于著名的网页排名算法 PageRank（见图 10.14）。PageRank 是 Sergey Brin 与 Larry Page 于 1998 年在 WWW7 会议上提出来的，用来解决链接分析中网页排名的问题。在衡量一个网页的排名时，可以根据感觉认为：

- 当一个网页被更多网页所链接时，其排名会更靠前。
- 排名高的网页应具有更大的表决权，即当一个网页被排名高的网页所链接时，重要性也应该相应提高。

图 10.14　PageRank 算法

TextRank 算法（见图 10.15）与 PageRank 类似，将文本拆分成最小组成单元（词汇）作为网络节点，组成词汇网络图模型。TextRank 在迭代计算词汇权重时与 PageRank 一样，理论上是需要计算边权的，但是为了简化计算，通常会默认相同的初始权重，以及在分配相邻词汇权重时进行均分。

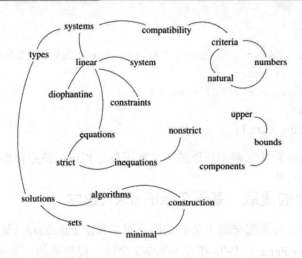

图 10.15　TextRank 算法

1. 第一步：TextRank 前置介绍

TextRank 用于对文本关键词进行提取，操作步骤如下：

（1）把给定的文本 T 按照完整句子进行分割。

（2）对于每个句子，进行分词和词性标注处理，并过滤掉停用词，只保留指定词性的单词，如名词、动词、形容词等。

（3）构建候选关键词图 G = (V,E)，其中 V 为节点集，由每个词之间的相似度作为连接的边值。

（4）根据下面的公式，迭代传播各节点的权重，直至收敛。

$$WS(V_i) = (1 - d) + d * \sum_{V_j \in In(V_i)} \frac{w_{ji}}{\sum_{V_k \in Out(V_j)} w_{jk}} WS(V_j)$$

对节点权重进行倒序排序，作为按重要程度排列的关键词。

2. 第二步：TextRank 类的实现

整体 TextRank 的实现如下所示：

```
class TextRank_score:
    def __init__(self,agnews_text):
        self.agnews_text = agnews_text
        self.filter_list = self.__get_agnews_text()
        self.win = self.__get_win()
        self.agnews_text_dict = self.__get_TextRank_score_dict()

    def __get_agnews_text(self):
        sentence = []
        for text in self.agnews_text:
```

```python
        for word in text:
            sentence.append(word)
    return sentence

def __get_win(self):
    win = {}
    for i in range(len(self.filter_list)):
        if self.filter_list[i] not in win.keys():
            win[self.filter_list[i]] = set()
        if i - 5 < 0:
            lindex = 0
        else:
            lindex = i - 5
        for j in self.filter_list[lindex:i + 5]:
            win[self.filter_list[i]].add(j)
    return win
def __get_TextRank_score_dict(self):
    time = 0
    score = {w: 1.0 for w in self.filter_list}
    while (time < 50):
        for k, v in self.win.items():
            s = score[k] / len(v)
            score[k] = 0
            for i in v:
                score[i] += s
        time += 1
    agnews_text_dict = {}
    for key in score:
        agnews_text_dict[key] = score[key]
    return agnews_text_dict

def __get_TextRank_score(self, text):
    temp_dict = {}
    for word in text:
        if word in self.agnews_text_dict.keys():
            temp_dict[word] = (self.agnews_text_dict[word])
    values_list = sorted(temp_dict.items(), key=lambda word_tfidf:
word_tfidf[1], reverse=False)   # 将TextRank数据按重要程度从大到小排序
    return values_list
def get_TextRank_result(self,text):
    temp_dict = {}
    for word in text:
        if word in self.agnews_text_dict.keys():
```

```
                temp_dict[word] = (self.agnews_text_dict[word])
            values_list = sorted(temp_dict.items(), key=lambda word_tfidf:
word_tfidf[1], reverse=False)
            value_list = []
            for value in values_list:
                value_list.append(value[0])
            return (value_list)
```

TextRank 是另外一种能够实现关键词抽取的方法。除此之外，还有基于相似度聚类以及其他的一些方法。相对于本书对应的数据集来说，对于文本的提取并不是必需的。本节为选学内容，有兴趣的读者可以自行学习。

10.2　针对文本的卷积神经网络模型——字符卷积

卷积神经网络在图像处理领域获得了极大成功，其结合特征提取和目标训练为一体的模型能够最好地利用已有的信息对结果进行反馈训练。

对于文本识别的卷积神经网络来说，同样也是充分利用特征提取时提取的文本特征来计算文本特征权值大小的，归一化处理需要处理的数据。这样使得原来的文本信息抽象成一个向量化的样本集，之后将样本集和训练好的模板输入卷积神经网络进行处理。

本节将在上一节的基础上使用卷积神经网络实现文本分类的问题，这里将采用两种主要基于字符和词向量（wordEmbedding）形式的词卷积神经网络处理方法。实际上，无论是基于字符的还是基于词向量形式的处理方式都是可以相互转换的，这里只介绍基本的使用模型和方法，更多的应用还需要读者自行挖掘和设计。

10.2.1　字符（非单词）文本的处理

本小节将介绍基于字符的 CNN 处理方法，如图 10.16 所示。基于单词的卷积处理内容将在下一节介绍，请读者循序渐进地学习。

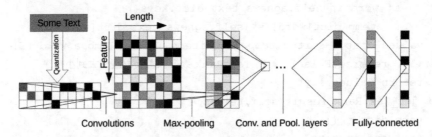

图 10.16　使用 CNN 处理字符文本分类

任何一个英文单词都是由字母构成的，因此可以将英文单词拆分成字母的表示形式：

```
hello -> ["h","e","l","l","o"]
```

一个单词"hello"可以被人为地拆分成"h""e""l""l""o"这 5 个字母。对于"hello"的处理有两种方法，即采用 one-hot 的方式和采用字符 embedding 的方式。这样的话，"hello"这个单词就会被转成一个[5,n]大小的矩阵。本例中采用 one-hot 的方式处理。

下面对模型做一个大略说明。使用卷积神经网络进行字符矩阵计算，实际是对多个字符矩阵组成的"篇章矩阵"使用不同维度的卷积核进行处理，从而提取出篇章矩阵所蕴含的高层抽象信息。这样做的好处是，不需要使用预训练好的词向量和语法句法结构等信息直接对篇章进行处理。除此之外，字符级还有一个好处，就是很容易推广到所有语言。

1. 第一步：标题文本的读取与转化

对于 agnews 数据集来说，每个分类的文本条例既有对应的分类，也有标题和文本内容。对于文本内容的抽取，在上一节的选学内容中也有介绍，这里采用直接使用标题文本的方法进行处理，如图 10.17 所示。

```
3 Money Funds Fell in Latest Week (AP)
3 Fed minutes show dissent over inflation (USATODAY.com)
3 Safety Net (Forbes.com)
3 Wall St. Bears Claw Back Into the Black
3 Oil and Economy Cloud Stocks' Outlook
3 No Need for OPEC to Pump More-Iran Gov
3 Non-OPEC Nations Should Up Output-Purnomo
3 Google IPO Auction Off to Rocky Start
3 Dollar Falls Broadly on Record Trade Gap
3 Rescuing an Old Saver
3 Kids Rule for Back-to-School
3 In a Down Market, Head Toward Value Funds
```

图 10.17　AG_news 标题文本

读取标题和 label 的程序请读者参考 10.1 节的内容自行完成。由于只是对文本标题进行处理，因此在进行文本数据清洗的时候不用处理停用词、进行词干还原。完整的代码如下：

```
def text_clearTitle(text):
    text = text.lower()                    #将文本中的字母都转化成小写字母
    text = re.sub(r"[^a-z]"," ",text)      #替换不要求保留的字符,^是求反操作
    text = re.sub(r" +", " ", text)        #替换多重空格
    text = text.strip()                    #去除首尾空格
    text = text + " eos"                   #添加结束符。注意,eos 前面有一个空格
    return text
```

这个代码的运行结果如图 10.18 所示。

```
wal mart dec sales still seen up pct eos
sabotage stops iraq s north oil exports eos
corporate cost cutters miss out eos
murdoch will shell out mil for manhattan penthouse eos
au says sudan begins troop withdrawal from darfur reuters eos
insurgents attack iraq election offices reuters eos
syria redeploys some security forces in lebanon reuters eos
security scare closes british airport ap eos
iraqi judges start quizzing saddam aides ap eos
musharraf says won t quit as army chief reuters eos
```

图 10.18 AG_news 标题文本抽取后的结果

可以看到，不同的标题被整合成一系列可能对于人类来说没有任何意义的一系列字符。

2. 第二步：文本的 one-hot 处理

处理方式非常简单，首先建立一个 26 个字母的字符表：

```
alphabet_title = "abcdefghijklmnopqrstuvwxyz"
```

然后针对不同的字符按字符表对应位置进行提取，并将对应的字符位置设成 1、其他位置设成 0。例如，字符"c"在字符表中为第三个，所以获取的字符矩阵为：

```
[0,0,1,0,0,0,0,0,0,0,0,0,0,0,0,0,0,0,0,0,0,0,0,0,0,0,0]
```

其他的类似，代码如下：

```
def get_one_hot(list):
values = np.array(list)
n_values = len(alphabet_title) + 1
return np.eye(n_values)[values]
```

这段代码的作用就是将生成的字符序列转换成矩阵，如图 10.19 所示。

```
[1,2,3,4,5,6,0]  ->
```
```
[[0. 1. 0. 0. 0. 0. 0. 0. 0. 0. 0. 0. 0. 0. 0. 0. 0. 0. 0. 0. 0. 0. 0. 0. 0. 0.
  0. 0. 0.]
 [0. 0. 1. 0. 0. 0. 0. 0. 0. 0. 0. 0. 0. 0. 0. 0. 0. 0. 0. 0. 0. 0. 0. 0. 0. 0.
  0. 0. 0.]
 [0. 0. 0. 1. 0. 0. 0. 0. 0. 0. 0. 0. 0. 0. 0. 0. 0. 0. 0. 0. 0. 0. 0. 0. 0. 0.
  0. 0. 0.]
 [0. 0. 0. 0. 1. 0. 0. 0. 0. 0. 0. 0. 0. 0. 0. 0. 0. 0. 0. 0. 0. 0. 0. 0. 0. 0.
  0. 0. 0.]
 [0. 0. 0. 0. 0. 1. 0. 0. 0. 0. 0. 0. 0. 0. 0. 0. 0. 0. 0. 0. 0. 0. 0. 0. 0. 0.
  0. 0. 0.]
 [0. 0. 0. 0. 0. 0. 1. 0. 0. 0. 0. 0. 0. 0. 0. 0. 0. 0. 0. 0. 0. 0. 0. 0. 0. 0.
  0. 0. 0.]
 [1. 0. 0. 0. 0. 0. 0. 0. 0. 0. 0. 0. 0. 0. 0. 0. 0. 0. 0. 0. 0. 0. 0. 0. 0. 0.
  0. 0. 0.]]
```

图 10.19 字符转化矩阵示意图

下一步的内容就是将字符串按字符表中的顺序转换成数字序列，代码如下：

```
def get_char_list(string):
    alphabet_title = "abcdefghijklmnopqrstuvwxyz"
    char_list = []
    for char in string:
        num = alphabet_title.index(char)
        char_list.append(num)
```

```
    return char_list
```

生成的结果如下：

```
hello -> [7, 4, 11, 11, 14]
```

将代码段整合在一起，代码如下：

```
def get_one_hot(list,alphabet_title = None):
    if alphabet_title == None:                    #设置字符集
        alphabet_title = "abcdefghijklmnopqrstuvwxyz"
    else:alphabet_title = alphabet_title
    values = np.array(list)                       #获取字符数列
    n_values = len(alphabet_title) + 1            #获取字符表长度
    return np.eye(n_values)[values]

def get_char_list(string,alphabet_title = None):
    if alphabet_title == None:
        alphabet_title = "abcdefghijklmnopqrstuvwxyz"
    else:alphabet_title = alphabet_title
    char_list = []
    for char in string:                           #获取字符串中的字符
        num = alphabet_title.index(char)          #获取对应位置
        char_list.append(num)                     #组合位置编码
    return char_list
#主代码
def get_string_matrix(string):
    char_list = get_char_list(string)
    string_matrix = get_one_hot(char_list)
    return string_matrix
```

这样生成的结果如图 10.20 所示。

```
[[0. 0. 0. 0. 0. 0. 0. 1. 0. 0. 0. 0. 0. 0. 0. 0. 0. 0. 0. 0. 0. 0. 0. 0.
  0. 0. 0.]
 [0. 0. 0. 0. 1. 0. 0. 0. 0. 0. 0. 0. 0. 0. 0. 0. 0. 0. 0. 0. 0. 0. 0. 0.
  0. 0. 0.]
 [0. 0. 0. 0. 0. 0. 0. 0. 0. 0. 0. 1. 0. 0. 0. 0. 0. 0. 0. 0. 0. 0. 0. 0.
  0. 0. 0.]
 [0. 0. 0. 0. 0. 0. 0. 0. 0. 0. 0. 1. 0. 0. 0. 0. 0. 0. 0. 0. 0. 0. 0. 0.
  0. 0. 0.]
 [0. 0. 0. 0. 0. 0. 0. 0. 0. 0. 0. 0. 0. 0. 1. 0. 0. 0. 0. 0. 0. 0. 0. 0.
  0. 0. 0.]]
```

图 10.20 转换字符串并进行 one_hot 处理

单词"hello"被转换成一个[5,26]大小的矩阵，以供下一步处理，但是又产生了一个新的问题，对于不同长度的字符串，组成的矩阵的行长度不同。虽然卷积神经网络可以处理具有不同长度的字符串，但是在本例中还是以相同大小的矩阵作为数据输入进行计算。

3. 第三步：生成文本的矩阵的细节处理——矩阵补全

下一步就是根据文本标题生成 one-hot 矩阵。在上一步中生成的 one-hot 矩阵函数可以变更成类来使用，这样更为简易和便捷。此处笔者将使用单独的函数，也就是上一步编写的函数。

```
import csv
```

```
import numpy as np
import tools
agnews_title = []
agnews_train = csv.reader(open("./dataset/train.csv","r"))
for line in agnews_train:
    agnews_title.append(tools.text_clearTitle(line[1]))
for title in agnews_title:
    string_matrix = tools.get_string_matrix(title)
    print(string_matrix.shape)
```

该程序的运行结果如图 10.21 所示。

```
(51, 28)
(59, 28)
(44, 28)
(47, 28)
(51, 28)
(91, 28)
(54, 28)
(42, 28)
```

图 10.21　补全后的矩阵维度

可以看到，生成的文本矩阵被整形成一个有一定大小规则的矩阵输出。这里又出现了一个新的问题，对于不同长度的文本，单词和字母的多少并不是固定的，虽然对于全卷积神经网络来说输入的数据维度可以不统一和固定，但是本部分还是要对其进行处理。

对于不同长度的矩阵处理，一个简单的思路就是将其进行规范化处理：长的截短，短的补长，代码如下：

```
def get_handle_string_matrix(string,n = 64):    # n 为设定的长度, 可以根据需要修正
    string_length= len(string)                  #获取字符串长度
    if string_length > 64:                      #判断是否大于 64
        string = string[:64]                    #长度大于 64 的字符串予以截短
        string_matrix = get_string_matrix(string)    #获取文本矩阵
        return string_matrix
    else:    #对于长度不够的字符串
        string_matrix = get_string_matrix(string)    #获取字符串矩阵
        handle_length = n - string_length            #获取需要补全的长度
        pad_matrix = np.zeros([handle_length,28])    #使用全 0 矩阵进行补全
        #将字符矩阵和全 0 矩阵进行叠加, 将全 0 矩阵叠加到字符矩阵后面
        string_matrix = np.concatenate([string_matrix,pad_matrix],axis=0)
        return string_matrix
```

上面的代码段分成两个部分，对不同长度的字符进行处理：对于长度大于 64（是人为设定的大小，也可以根据需要进行修改）的字符串，截取前半部分再获取文本矩阵；对于长度不大于 64 的字符串，则需要进行补全，生成由余数构成的全 0 矩阵并进行处理。

经过修改后的代码如下：

```
import csv
import numpy as np
import tools
agnews_title = []
agnews_train = csv.reader(open("./dataset/train.csv","r"))
for line in agnews_train:
    agnews_title.append(tools.text_clearTitle(line[1]))
for title in agnews_title:
    string_matrix = tools. get_handle_string_matrix (title)
    print(string_matrix.shape)
```

该代码段的运行结果如图 10.22 所示。

```
(64, 28)
(64, 28)
(64, 28)
(64, 28)
(64, 28)
(64, 28)
(64, 28)
(64, 28)
```

图 10.22　标准化补全后的矩阵维度

4. 第四步：构建标注的 one-hot 矩阵

对于分类的标注，同样可以使用 one-hot 方法进行分类的重构，代码如下：

```
def get_label_one_hot(list):
    values = np.array(list)
    n_values = np.max(values) + 1
    return np.eye(n_values)[values]
```

仿照文本的 one-hot 函数，根据传进来的序列化参数对列表进行重构，得到一个新的 one-hot 矩阵，从而得到不同的类别。

5. 第五步：数据集的构建

通过准备文本数据集、将文本进行清洗、去除不相干的词、提取主干并根据需要设定矩阵维度和大小来构建数据集，全部代码如下（tools 代码为上文分布代码，在主代码后半部分）：

```
import csv
import numpy as np
import tools
agnews_label = []                                           #空标注列表
agnews_title = []                                           #空文本标题文档
agnews_train = csv.reader(open("./dataset/train.csv","r"))  #读取数据集
for line in agnews_train:                                   #分行迭代文本数据
```

```
        agnews_label.append(np.int(line[0]))              #将标注读入标注列表
        agnews_title.append(tools.text_clearTitle(line[1]))     #将文本读入
train_dataset = []
for title in agnews_title:
    string_matrix = tools.get_handle_string_matrix(title)    #构建文本矩阵
    train_dataset.append(string_matrix)              #用文本矩阵读取训练列表
train_dataset = np.array(train_dataset)            #将原生的训练列表转换成numpy格式
#将标注列表转换成one-hot格式
label_dataset = tools.get_label_one_hot(agnews_label)
```

在上面的代码段中,首先通过 csv 库获取全文本数据,之后逐行将文本和标注读入,分别转化成 one-hot 矩阵后再利用 NumPy 库将对应的列表转换成 NumPy 格式,该程序的运行结果如图 10.23 所示。

```
(120000, 64, 28)
(120000, 5)
```

图 10.23 标准化转换后的 AG_news

这里分别生成了训练集数量数据和标注数据的 one-hot 矩阵列表,训练集的维度为 [12000,64,28],第一个数字是总的样本数,第二个和第三个数字为生成的矩阵维度。

标注数据为一个二维矩阵,其中 12000 是样本的总数、5 是类别。这里读者可能会提出疑问:明明只有 4 个类别,为什么会出现 5 个,one-hot 是从 0 开始,标注的分类是从 1 开始的,因此会自动生成一个 0 的标注。全部 tools 函数如下:

```
import re
from nltk.corpus import stopwords
from nltk.stem.porter import PorterStemmer
import numpy as np

#对英文文本进行数据清洗
stoplist = stopwords.words('english')
def text_clear(text):
    text = text.lower()                          #将文本中的字母都转化成小写字母
    text = re.sub(r"[^a-z]"," ",text)            #替换不要求保留的字符,^是求反操作
    text = re.sub(r" +", " ", text)              #替换多重空格
    text = text.strip()                          #去除首尾空格
    text = text.split(" ")
    text = [word for word in text if word not in stoplist]   #去除停用词
    text = [PorterStemmer().stem(word) for word in text]     #还原词干部分
    text.append("eos")                           #添加结束符
    text = ["bos"] + text                        #添加开始符
    return text
#对标题进行处理
def text_clearTitle(text):
```

```python
    text = text.lower()                              #将文本中的字母都转化成小写字母
    text = re.sub(r"[^a-z]"," ",text)                #替换不要求保留的字符,^是求反操作
    text = re.sub(r" +", " ", text)                  #替换多重空格
    #text = re.sub(" ", "", text)                    #替换隔断空格
    text = text.strip()                              #去除首尾空格
    text = text + " eos"                             #添加结束符
    return text
#生成标题的 one-hot 标注
def get_label_one_hot(list):
    values = np.array(list)
    n_values = np.max(values) + 1
    return np.eye(n_values)[values]
#生成文本的 one-hot 矩阵
def get_one_hot(list,alphabet_title = None):
    if alphabet_title == None:                       #设置字符集
        alphabet_title = "abcdefghijklmnopqrstuvwxyz "
    else:alphabet_title = alphabet_title
    values = np.array(list)                          #获取字符的数列
    n_values = len(alphabet_title) + 1               #获取字符表的长度
    return np.eye(n_values)[values]
#获取文本在词典中的位置列表
def get_char_list(string,alphabet_title = None):
    if alphabet_title == None:
        alphabet_title = "abcdefghijklmnopqrstuvwxyz "
    else:alphabet_title = alphabet_title
    char_list = []
    for char in string:                              #获取字符串中的字符
        num = alphabet_title.index(char)             #获取对应的位置
        char_list.append(num)                        #组合位置编码
    return char_list
#生成文本矩阵
def get_string_matrix(string):
    char_list = get_char_list(string)
    string_matrix = get_one_hot(char_list)
    return string_matrix
#获取补全后的文本矩阵
def get_handle_string_matrix(string,n = 64):
    string_length= len(string)
    if string_length > 64:
        string = string[:64]
        string_matrix = get_string_matrix(string)
        return string_matrix
    else:
```

```
        string_matrix = get_string_matrix(string)
        handle_length = n - string_length
        pad_matrix = np.zeros([handle_length,28])
        string_matrix = np.concatenate([string_matrix,pad_matrix],axis=0)
        return string_matrix]
#获取数据集
def get_dataset():
    agnews_label = []
    agnews_title = []
    agnews_train = csv.reader(open("./dataset/train.csv","r"))
    for line in agnews_train:
        agnews_label.append(np.int(line[0]))
        agnews_title.append(text_clearTitle(line[1]))
    train_dataset = []
    for title in agnews_title:
        string_matrix = get_handle_string_matrix(title)
        train_dataset.append(string_matrix)
    train_dataset = np.array(train_dataset)
    label_dataset = get_label_one_hot(agnews_label)
    return train_dataset,label_dataset
```

读者可以自行将其改成类的形式进行处理。

10.2.2 卷积神经网络文本分类模型的实现——Conv1D（一维卷积）

对文本的数据集处理完毕之后，下面进入基于卷积神经网络的分辨模型的设计。模型的设计多种多样。

如图 10.24 所示，笔者根据类似的模型设计一个有 5 层神经网络构成的文本分类模型：

1	Conv 3x3 1x1
2	Conv 5x5 1x1
3	Conv 3x3 1x1
4	full_connect 512
5	full_connect 5

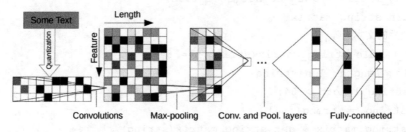

图 10.24 使用 CNN 处理字符文本分类

这里使用的是 5 层神经网络，前 3 个是基于一维的卷积神经网络，后 2 个全连接层用于分类任务，代码如下：

```
def char CNN():
    xs = tf.keras.Input([])
    # 第一层卷积
    conv_1 = tf.keras.layers.Conv1D( 1, 3,activation=tf.nn.relu)(xs)
    conv_1 = tf.keras.layers.BatchNormalization(conv_1)

    # 第二层卷积
    conv_2 = tf.keras.layers.Conv1D( 1, 5,activation=tf.nn.relu)(conv_1)
    conv_2 = tf.keras.layers.BatchNormalization(conv_2)
    # 第三层卷积
    conv_3 = tf.keras.layers.Conv1D( 1, 5,activation=tf.nn.relu)(conv_2)
    conv_3 = tf.keras.layers.BatchNormalization(conv_3)
    flatten = tf.keras.layers.Flatten()(conv_3)
    fc_1 = tf.keras.layers.Dense( 512,activation=tf.nn.relu)(flatten)
    # 全连接网络
    logits = tf.keras.layers.Dense(5,activation=tf.nn.softmax)(fc_1)
    model = tf.keras.Model(inputs=xs, outputs=logits)
    return model
```

这里是完整的训练模型，训练代码如下：

```
import csv
import numpy as np
import tools
import tensorflow as tf
from sklearn.model_selection import train_test_split
train_dataset,label_dataset = tools.get_dataset()
#将数据集划分为训练集和测试集
X_train,X_test, y_train, y_test =
train_test_split(train_dataset,label_dataset,test_size=0.1, random_state=217)
batch_size  = 12
train_data =
tf.data.Dataset.from_tensor_slices((X_train,y_train)).batch(batch_size)

model = tools.char_CNN()              # 使用模型进行计算
model.compile(optimizer=tf.optimizers.Adam(1e-3),
loss=tf.losses.categorical_crossentropy,metrics = ['accuracy'])
model.fit(train_data, epochs=1)
score = model.evaluate(X_test, y_test)
print("last score:",score)
```

首先获取完整的数据集，之后通过 train_test_split 函数对数据集进行划分，将数据分为训练集和测试集。模型的计算和损失函数的优化与传统的 TensorFlow 方法类似，这里不再赘述。

最终结果请读者自行完成。需要说明的是，这里的模型也是一个较为简易的基于短文本分类的模型，效果并不太好，仅仅起到一个抛砖引玉的作用。

10.3 针对文本的卷积神经网络模型——词卷积

使用字符卷积对文本分类是可以的,但是相对于词来说,字符包含的信息并没有"词"的内容多,即使卷积神经网络能够较好地对数据信息进行学习,由于包含的内容关系,最终效果也不是太理想。

在字符卷积的基础上,研究人员尝试使用词为基础数据对文本进行处理,如图10.25所示。

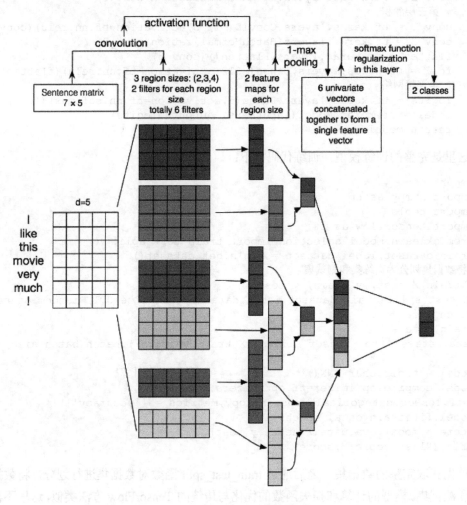

图 10.25 基于 CNN 的词卷积模型

一般在实际读写中,短文本用于表达较为集中的思想,文本长度有限、结构紧凑、能够独立表达意思,因此可以使用基于词卷积的神经网络对数据进行处理。

10.3.1 单词的文本处理

使用卷积神经网络对单词进行处理的一个基本要求就是将文本转换成计算机可以识别的

数据。在上一节的学习内容中使用卷积神经网络对字符的 one-hot 矩阵进行了分析处理。这里有一个简单的想法，即是否可以将文本中的单词依旧处理成 one-hot 矩阵。

使用 one-hot 对单词进行表示（见图 10.26）从理论上可行，在事实中并不可行。对于基于字符的 one-hot 方案来说，所有的字符都会在一个相对合适的字库中选取，例如 26 个字母或者一些常用的字符，那么总量并不会很多（通常少于 128 个），因此组成的矩阵也不会很大。对于单词来说，常用的英文单词或者中文词语一般在 5000 个左右，因此建立一个稀疏的庞大 one-hot 矩阵是不切实际的。

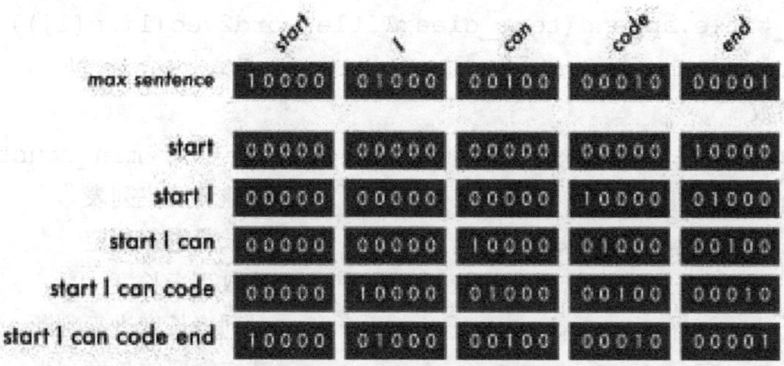

图 10.26 词的 one_hot 处理

一个较好的解决方法就是使用 word2vec 的词向量（wordEmbedding）方法，这样可以通过学习将字库中的词转换成维度一定的向量，作为卷积神经网络的计算依据。本节的处理和计算依旧使用文本标题作为处理的目标。单词的词向量的建立步骤如下：

1. 第一步：分词模型的处理

与 one-hot 的数据读取类似，首先是对文本进行清理，去除停用词和标准化文本。需要注意的是，对于 word2vec 训练模型来说，需要输入若干个词列表，因此对获取的文本要进行分词，转换成数组的形式来存储。

```
def text_clearTitle_word2vec(text):
    text = text.lower()                        #将文本中的字母都转化成小写字母
    text = re.sub(r"[^a-z]"," ",text)          #替换不要求保留的字符,^是求反操作
    text = re.sub(r" +", " ", text)            #替换多重空格
    text = text.strip()                        #去除首尾空格
    text = text + " eos"                       #添加结束符，注意 eos 前有空格
    text = text.split(" ")                     #对文本分词转成列表来存储
    return text
```

请读者自行验证。

2. 第二步：分词模型的训练与载入

基于已有的分词数组对不同维度的矩阵分别处理。需要注意的是，对于 word2vec 词向量来说，简单地将待补全的矩阵用全 0 矩阵补全是不合适的，将 0 矩阵修改为一个非常小的常数矩阵即可。

代码如下：

```
def get_word2vec_dataset(n = 12):
    agnews_label = []                              #创建标注列表
    agnews_title = []                              #创建标题列表
    agnews_train = csv.reader(open("./dataset/train.csv", "r"))
    for line in agnews_train:                      #将数据读取到对应的列表中
        agnews_label.append(np.int(line[0]))
        #将文本数据进行清洗之后再读取
        agnews_title.append(text_clearTitle_word2vec(line[1]))
    from gensim.models import word2vec            # 导入 gensim 包
    # 设置训练参数
    model = word2vec.Word2Vec(agnews_title, size=64, min_count=0, window=5)
    train_dataset = []                             #创建训练集列表
    for line in agnews_title:                      #对长度进行判定
        length = len(line)                         #获取列表长度
        if length > n:                             #对列表长度进行判断
            line = line[:n]                        #截取需要的长度列表
            word2vec_matrix = (model[line])        #获取 word2vec 矩阵
            train_dataset.append(word2vec_matrix)  #将 word2vec 矩阵添加到训练集中
        else:                                      #补全长度不够的操作
            word2vec_matrix = (model[line])        #获取 word2vec 矩阵
            pad_length = n - length                #获取需要补全的长度
            #创建补全矩阵并增加一个小数值
            pad_matrix = np.zeros([pad_length, 64]) + 1e-10
            word2vec_matrix = np.concatenate([word2vec_matrix, pad_matrix], axis=0)  #矩阵补全
            train_dataset.append(word2vec_matrix)  #将 word2vec 矩阵添加到训练集中
    train_dataset = np.expand_dims(train_dataset,3)         #将三维矩阵进行扩展
    label_dataset = get_label_one_hot(agnews_label)          #转换成 one-hot 矩阵
    return train_dataset, label_dataset
```

该程序的运行结果如图 10.27 所示。

```
(120000, 12, 64, 1)
(120000, 5)
```

图 10.27　词卷积处理后的 AG_news 数据集

> **注　意**
>
> 在上面代码的倒数第四行以黑色标注的语句是对三维矩阵进行扩展，在不改变具体数值大小的前提下扩展矩阵的维度，为下一步使用二维卷积对文本进行分类做数据准备。

10.3.2 卷积神经网络文本分类模型的实现——Conv2D（二维卷积）

图 10.28 是对二维卷积神经网络的设计。

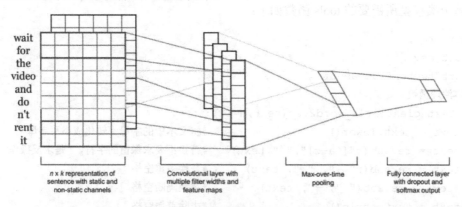

图 10.28 使用二维卷积进行文本分类

模型的思想很简单，根据输入的已转化成词向量形式的词矩阵，通过不同的卷积提取不同的长度进行二维卷积计算，并将最终的计算值进行连接，之后经过池化层获取不同矩阵的均值，再通过一个全连接层进行分类。

```
def word2vec_CNN():
    xs = tf.keras.Input([None,None])
    # 设置卷积核大小为[3,64]、通道为12的卷积计算
    conv_3 = tf.keras.layers.Conv2D(12, [3, 64],activation=tf.nn.relu)(xs)

    # 设置卷积核大小为[5,64]、通道为12的卷积计算
    conv_5 = tf.keras.layers.Conv2D(12, [5, 64],activation=tf.nn.relu)(conv_3)
    # 设置卷积核大小为[7,64]、通道为12的卷积计算
    conv_7 = tf.keras.layers.Conv2D(12, [7, 64],activation=tf.nn.relu)(conv_5)
    # 下面分别对卷积计算的结果进行池化处理，将池化处理的结果转成二维结构
    conv_3_mean = tf.keras.layers.Flatten(tf.reduce_max(conv_3, axis=1, keep_dims=True))
    conv_5_mean = tf.keras.layers.Flatten(tf.reduce_max(conv_5, axis=1, keep_dims=True))
    conv_7_mean = tf.keras.layers.Flatten(tf.reduce_max(conv_7, axis=1, keep_dims=True))
    # 连接多个卷积值
    flatten = tf.concat([conv_3_mean, conv_5_mean, conv_7_mean], axis=1)
    # 采用全连接层进行分类
    fc_1 = tf.keras.layers.Dense(128,activation=tf.nn.relu)(flatten)
    # 获取分类数据
    logits = tf.keras.layers.Dense(5,activation=tf.nn.softmax)(fc_1)
    model = tf.keras.Model(inputs=xs, outputs=logits)
    return model
```

模型使用不同的卷积核生成了 12 个通道的卷积计算值，池化以后将数据拉伸并连接为平整结构，之后用 2 个全连接层做出分类。

文本分类模型所需要的 tools 函数如下：

```python
import re
import csv
import tensorflow as tf
#文本清理函数
def text_clearTitle_word2vec(text,n=12):
    text = text.lower()                         #将文本中的字母都转化成小写字母
    text = re.sub(r"[^a-z]"," ",text)           #替换不要求保留的字符,^是求反操作
    text = re.sub(r" +", " ", text)             #替换多重空格
    #text = re.sub(" ", "", text)               #替换隔断空格
    text = text.strip()                         #去除首尾空格
    text = text + " eos"                        #添加结束符
    text = text.split(" ")
    return text
#将标注转换为 one-hot 格式的函数
def get_label_one_hot(list):
    values = np.array(list)
    n_values = np.max(values) + 1
    return np.eye(n_values)[values]


#获取训练集和标注的函数
def get_word2vec_dataset(n = 12):
    agnews_label = []
    agnews_title = []
    agnews_train = csv.reader(open("./dataset/train.csv", "r"))
    for line in agnews_train:
        agnews_label.append(np.int(line[0]))
        agnews_title.append(text_clearTitle_word2vec(line[1]))
    from gensim.models import word2vec  # 导入 gensim 包
    # 设置训练参数
    model = word2vec.Word2Vec(agnews_title, size=64, min_count=0, window=5)
    train_dataset = []
    for line in agnews_title:
        length = len(line)
        if length > n:
            line = line[:n]
            word2vec_matrix = (model[line])
            train_dataset.append(word2vec_matrix)
        else:
            word2vec_matrix = (model[line])
```

```
            pad_length = n - length
            pad_matrix = np.zeros([pad_length, 64]) + 1e-10
            word2vec_matrix = np.concatenate([word2vec_matrix, pad_matrix],
axis=0)
            train_dataset.append(word2vec_matrix)
    train_dataset = np.expand_dims(train_dataset,3)
    label_dataset = get_label_one_hot(agnews_label)
    return train_dataset, label_dataset
#word2vec_CNN 的模型
def word2vec_CNN():
    xs = tf.keras.Input([None,None])
    # 设置卷积核大小为[3,64]、通道为12 的卷积计算
    conv_3 = tf.keras.layers.Conv2D(12, [3, 64],activation=tf.nn.relu)(xs)

    # 设置卷积核大小为[5,64]、通道为12 的卷积计算
    conv_5 = tf.keras.layers.Conv2D(12, [5, 64],activation=tf.nn.relu)(conv_3)
    # 设置卷积核大小为[7,64]、通道为12 的卷积计算
    conv_7 = tf.keras.layers.Conv2D(12, [7, 64],activation=tf.nn.relu)(conv_5)
    # 下面分别对卷积计算的结果进行池化处理，将池化处理的结果转成二维结构
    conv_3_mean = tf.keras.layers.Flatten(tf.reduce_max(conv_3, axis=1,
keep_dims=True))
    conv_5_mean = tf.keras.layers.Flatten(tf.reduce_max(conv_5, axis=1,
keep_dims=True))
    conv_7_mean = tf.keras.layers.Flatten(tf.reduce_max(conv_7, axis=1,
keep_dims=True))
    # 连接多个卷积值
    flatten = tf.concat([conv_3_mean, conv_5_mean, conv_7_mean], axis=1)
    # 采用全连接层进行分类
    fc_1 = tf.keras.layers.Dense(128,activation=tf.nn.relu)(flatten)
    # 获取分类数据
    logits = tf.keras.layers.Dense(5,activation=tf.nn.softmax)(fc_1)
    model = tf.keras.Model(inputs=xs, outputs=logits)
    return model
```

模型的训练则较为简单，由下列代码实现：

```
import tools
import tensorflow as tf
from sklearn.model_selection import train_test_split
train_dataset,label_dataset = tools.get_word2vec_dataset()  #获取数据集
X_train,X_test, y_train, y_test = train_test_split(train_dataset,label_dataset,test_size=0.1, random_state=217)        #把数据集切分为训练集和测试集
batch_size = 12
train_data = tf.data.Dataset.from_tensor_slices((X_train,y_train)).
```

```
batch(batch_size)
    model = tools.word2vec_CNN()                    # 使用模型进行计算
    model.compile(optimizer=tf.optimizers.Adam(1e-3), loss=tf.losses.
categorical_crossentropy,metrics = ['accuracy'])
    model.fit(train_data, epochs=1)
    score = model.evaluate(X_test, y_test)
    print("last score:",score)
```

通过对模型的训练可以看到，最终的测试集准确率应该在 80%左右。请读者根据配置自行进行模型的训练，观察最后得到的结果。

10.4 使用卷积对文本分类的补充内容

在上面的章节中，笔者通过不同的卷积（一维卷积和二维卷积）实现了文本的分类，并且通过使用 Gensim 掌握了对文本进行词向量转化的方法。词向量（wordEmbedding）是目前最常用的将文本转成向量的方法，比较适合较为复杂词袋中词组较多的情况。

使用 one-hot 方法对字符进行表示是一种非常简单的方法，但是由于其使用受限较大，产生的矩阵较为稀疏，因此在实用性上并不是很强，笔者在这里统一推荐使用词向量的方式对词进行处理。

可能有读者会产生疑问，如果使用 word2vec 的形式来计算字符的"词向量"是否可行。答案是完全可以，并且准确度相对于单纯采用 one-hot 形式的矩阵能有更好的表现。

10.4.1 汉字的文本处理

有一个非常简单的办法，就是将汉字转化成拼音的形式，使用 Python 提供的拼音库包：

```
pip install pypinyin
```

使用方法如下：

```
from pypinyin import pinyin, lazy_pinyin, Style
value = lazy_pinyin('你好')    # 不考虑多音字的情况
print(value)
```

打印结果如下：

```
['ni', 'hao']
```

这里不考虑多音字的普通模式，以及带有拼音符号的多音字字母，有兴趣的读者可以自行学习。

较为常用的对汉字文本处理的方法是使用分词器进行文本分词，将分词后的词数列去除停用词和副词之后制作成词向量（wordEmbedding），如图 10.29 所示。

> 在上面的章节中，笔者通过不同的卷积（一维卷积和二维卷积）实现了文本的分类，并且通过使用 Gensim 掌握了对文本进行词向量转化的方法。词向量 wordEmbedding 是目前最常用的将文本转成向量的方法，比较适合较为复杂词袋中词组较多的情况。
>
> 使用 one-hot 方法对字符进行表示是一种非常简单的方法，但是由于其使用受限较大，产生的矩阵较为稀疏，因此在实用性上并不是很强，笔者在这里统一推荐使用 wordEmbedding 的方式对词进行处理。

图 10.29　制作词向量（wordEmbedding）

这里对其进行分词并转化成词向量的形式处理。

1. 第一步：读取数据

为了演示，这里直接使用字符串作为数据的存储格式。对于多行文本的读取，读者可以使用 Python 类库中的文本读取工具，这里不再赘述。

```
text = "在上面的章节中，笔者通过不同的卷积（一维卷积和二维卷积）实现了文本的分类，并且通过使用 Gensim 掌握了对文本进行词向量转化的方法。词向量 wordEmbedding 是目前最常用的将文本转成向量的方法，比较适合较为复杂词袋中词组较多的情况。使用 one-hot 方法对字符进行表示是一种非常简单的方法，但是由于其使用受限较大，产生的矩阵较为稀疏，因此在实用性上并不是很强，笔者在这里统一推荐使用 wordEmbedding 的方式对词进行处理。"
```

2. 第二步：中文文本的清理与分词

使用分词工具对中文文本进行分词计算。Python 类库中最为常用的文本分词工具是 jieba 分词，导入代码如下：

```
import jieba            #分词器
import re               #正则表达式库包
```

对于正文的文本，需要对其进行清洗并剔除不要求保留的字符。这里采用 re 正则表达式对文本进行处理，部分处理代码如下：

```
text = re.sub(r"[a-zA-Z0-9-,。""（）]"," ",text)  #替换不要求保留的字符，^是求反操作
text = re.sub(r" +", " ", text)         #替换多重空格
text = re.sub(" ", "", text)            #替换隔断空格
```

处理好的文本如图 10.30 所示。

> 在上面的章节中笔者通过不同的卷积一维卷积和二维卷积实现了文本的分类并且通过使用掌握了对文本进行词向量转化的方法词向量是目前最常用的将文本转成向量的方法比较适合较为复杂词袋中词组较多的情况使用方法对字符进行表示是一种非常简单的方法但是由于其使用受限较大产生的矩阵较为稀疏因此在实用性上并不是很强笔者在这里统一推荐使用的方式对词进行处理

图 10.30　处理好的文本

可以看到文本中的数字、非汉字字符以及标点符号已经被删除，并且其中由于删除不要求保留的字符所遗留的空格也一一被删除，留下的是完整的待切分文本内容。

jieba 库包是用于对中文文本进行分词的工具，分词函数如下：

```
text_list = jieba.lcut_for_search(text)
```

之后将分词后的结果以数组的形式存储，打印结果如图 10.31 所示。

['在', '上面', '的', '章节', '中', '笔者', '通过', '不同', '的', '卷积', '一维', '卷积', '和', '二维', '卷积', '实现', '了', '文本', '的', '分类', '并且', '通过', '使用', '掌握', '了', '对', '文本', '进行', '词', '向量', '转化', '的', '方法', '词', '向量', '是', '目前', '最', '常用', '的', '将', '文本', '转', '成', '向量', '的', '方法', '比较', '适合', '较为', '复杂', '词', '袋中', '词组', '较', '多', '的', '情况', '使用', '方法', '对', '字符', '进行', '表示', '是', '一种', '非常', '简单', '非常简单', '的', '方法', '但是', '由于', '其', '使用', '受限', '较大', '产生', '的', '矩阵', '较为', '稀疏', '因此', '在', '实用', '实用性', '上', '并', '不是', '很强', '笔者', '在', '这里', '统一', '推荐', '使用', '的', '方式', '对词', '进行', '处理']

图 10.31　分词后的中文文本

3. 第三步：使用 Gensim 构建词向量

使用 Gensim 构建词向量的方法相信读者已经较为熟悉，这里直接使用即可，代码如下：

```
from gensim.models import word2vec   # 导入gensim包
# 设置训练参数，注意方括号中的内容
model = word2vec.Word2Vec([text_list], size=50, min_count=1, window=3)
print(model["章节"])
```

有一个非常重要的细节：因为 word2vec.Word2Vec 函数接受的是一个二维数组，而本文通过 jieba 分词的结果是一个一维数组，因此需要在其上加上一个数组符号，人为构建一个新的数据结构，否则在打印词向量时会报错。

可以等待 gensim 训练完成后打印一个字符的向量，如图 10.32 所示。

```
[ 0.00700214 -0.00771189 -0.00651557  0.00805341  0.00060104 -0.00614405
  0.00336286 -0.00911157  0.0008981   0.00469631 -0.00536773 -0.00359946
  0.0051344  -0.00519805 -0.00942803 -0.00215036 -0.00504649 -0.00531102
  0.00060753 -0.00373814 -0.00554779 -0.00814913  0.00525336 -0.00070392
  0.00515197  0.00504736 -0.00126333 -0.00581168  0.00431437  0.00871824
  0.00618446  0.00265644 -0.00094638 -0.0051491   0.00861935  0.0091601
 -0.00820806 -0.00257573 -0.00670012  0.01000227  0.00413029  0.00592533
 -0.00560609 -0.00134225  0.00945567 -0.00521776  0.00641463  0.00850249
 -0.00726161  0.0013621 ]
```

图 10.32　单个中文词的向量

完整的代码如下：

```
import jieba
import re
text = re.sub(r"[a-zA-Z0-9-,。""（）]"," ",text)    #替换不要求保留的字符，^是求反操作
text = re.sub(r" +", " ", text)                    #替换多重空格
text = re.sub(" ", "", text)                       #替换隔断空格
print(text)
text_list = jieba.lcut_for_search(text)
from gensim.models import word2vec                 # 导入gensim包
# 设置训练参数
m odel = word2vec.Word2Vec([text_list], size=50, min_count=1, window=3)
print(model["章节"])
```

对于后续工程，读者可以自行参考二维卷积对文本处理的模型进行计算。

10.4.2 其他的细节

通过演示读者可以看到，对于普通的文本，完全可以通过一系列的清洗和向量化处理将其转换成矩阵的形式，之后通过卷积神经网络进行处理。在上一节中，只是做了中文向量的词处理，缺乏主题提取、去除停用词等操作，读者可以自行学习，根据需要进行补全。

有一个非常重要的想法：对于词向量（wordEmebedding）构成的矩阵能否使用已有的模型进行处理，例如在前面章节中实现的 ResNet 网络以及加了注意力机制的记忆力模型（见图10.33）。答案是可以的，笔者在文本识别的过程中使用 ResNet50 作为文本模型识别器，同样可以获得不低于现有模型的准确率。有兴趣的读者可以自行验证。

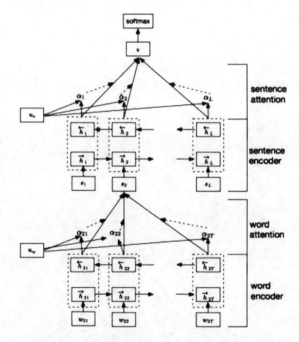

图 10.33　加上注意力（Attention）后的 ResNet 模型

10.5　本章小结

卷积神经网络并不是只能对图像进行处理，在本章中就演示了使用卷积神经网络对文本进行分类的方法。对于文本处理来说，传统的基于贝叶斯分类和循环神经网络实现的文本分类方法，卷积神经网络一样可以实现，而且效果并不差。

卷积神经网络的应用非常广泛，通过正确的数据处理和建模可以达到程序设计人员心中所要求的目标。更为重要的，相对于循环神经网络来说，卷积神经网络在训练过程中训练速度更快（并发计算），处理范围更大（图矩阵），能够获取更多的相互关联（感受野）。因此，卷积神经网络在机器学习中会有越来越重要的作用，希望读者继续努力。